グラフでわかる
初めての フーリエ解析

比田井 洋史 著

まえがき

　本書は，工学的な応用を念頭においたフーリエ変換のテキストである．フーリエ変換の重要なポイントは時間領域と周波数領域の変換である．筆者はフーリエ変換の講義の担当をしているが，残念ながら，ここを理解してもらうことが難しい．これは，テストを行うと解析解でフーリエ変換を問うことがほとんどとなってしまい，意味を問うことが難しいのが一因と考えられる．解析解でのフーリエ変換は，公式を覚え積分を正確に行えば，式の意味を理解しなくてもテストの点数がとれるためである．

　しかし，工学的に応用する際には，モデル化して解析解で取り扱うことはあまりなく，センサなどのデータをサンプリングして数値解を取り扱うことがほとんどである．振動解析などでは，数値データを用いてFFT（高速フーリエ変換）を利用することで多用される．このため，数式の取り扱いだけでなく，数値データでも取り扱うことが実用上有用だと考え，講義に取り入れて進めてきた．これらを通して，実際にフーリエ変換は時間領域と周波数領域との変換であることが理解しやすくなると考えている．

　数値データのフーリエ変換は演算量が多いためFFTで演算されるのが一般的である．しかし，近年のPCの性能であれば，データ量に制約があるもののフーリエ変換を直接演算できる．そこで，本書では実際にエクセルを使って振動データの解析などを演習に含めている（本書の内容については，全て2012年製のノートPCで実際に計算を行っている）．

　フーリエ変換の直感的な理解を目的にしているため，数学的な厳密性については，深くは触れていない．特に数値データを用いて解析する際に必要となる，サンプリング定理など数値データの取り扱いについては，一切触れていない．これらのデジタル信号処理については，別の教科書にあたっていただければと思う．

　末筆になるが，本書の執筆にあたっては，数式の打ち込み，図の作成など

千葉大学の桂巻歩さんの協力無しには進まなかった．また，表紙のイラストについては，千葉大学卒業生の平井はるなさんに作画いただいた．校正に際して共立出版株式会社の大越隆道氏に多くの助言を頂いた．これら，ご協力いただいた方々に感謝の意を表したい．最後に，私の座右の銘で──全ては妻のおかげです．

2019 年 10 月　比田井洋史

目　　次

第 1 章

フーリエ変換の意味

1.1 フーリエ変換とは

様々な角速度の三角関数を足し合わせることで，ほとんど全ての関数を表すことができる．この三角関数の和への変換をフーリエ変換と呼ぶ．すなわち，時間 t によって変動する関数 $f(t)$ をフーリエ変換するとは，三角関数の周波数（角振動数 ω）を横軸にとって，縦軸にその周波数の強度（振幅：$F(\omega)$）をとったグラフへ変換することである．

具体的な例で考えてみよう．図 1.1 のように，振動している梁の位置を計測し，横軸を時間，縦軸を位置でプロットする（同図 (a)）．このグラフが波（sin 波，cos 波）の足し合わせだと考え，sin 波，cos 波に分解する（同図 (b) ～(e)）．このことをフーリエ変換（フーリエ級数展開）と呼ぶ．横軸をそれぞれの sin 波，cos 波の周波数（角振動数），縦軸を sin 波，cos 波の振幅としてプロットする（同図 (j)）．すると横軸が角振動数，縦軸が振幅となる．フーリエ変換する前の波形（同図 (a)）では，特にどのような波形か理解することは困難だと思う．しかし，フーリエ変換することで，この波形は周波数の異なる $(1, 2, 3, 4\,\mathrm{Hz})$ 4 つの三角関数を足し合わせたものであることが直ちにわかる．

同図 (a) のように横軸を時間で考えた場合を時間領域とよび，フーリエ変換した後，同図 (j) のように横軸を周波数でプロットしたものを周波数領域と呼ぶ．時間領域と周波数領域を相互に変換するものがフーリエ変換およびフーリエ逆変換である．

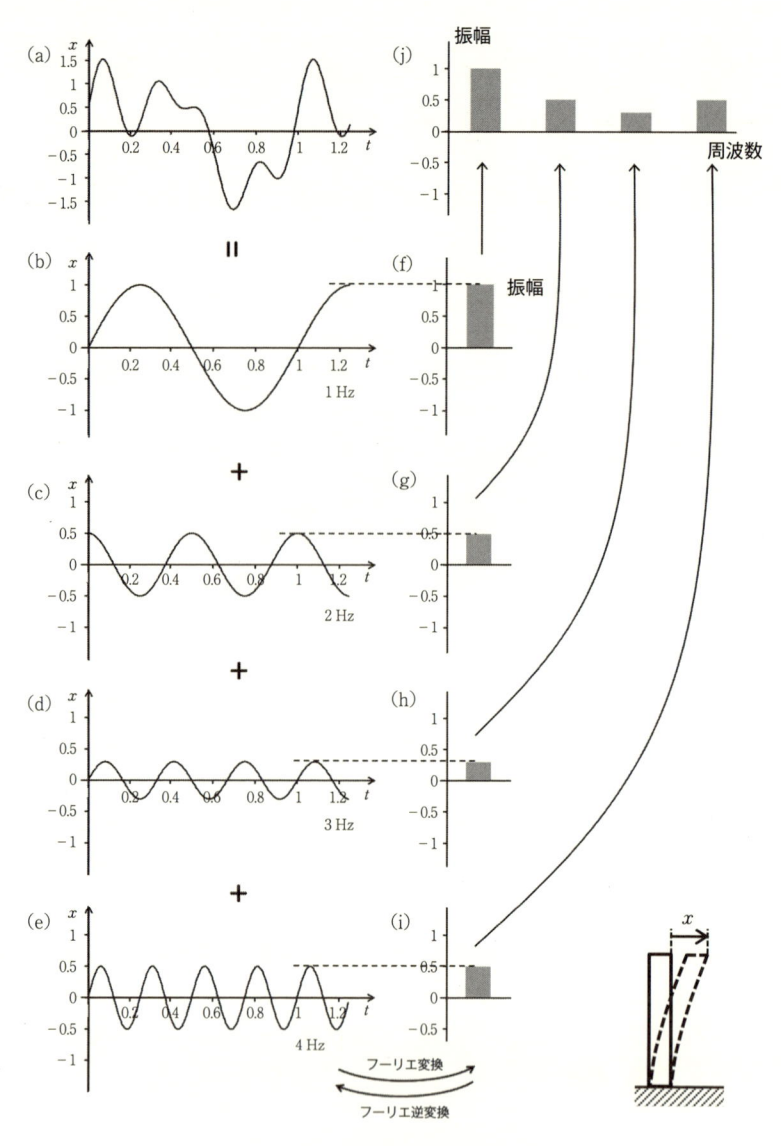

図 1.1 時間領域と周波数領域

1.2　実生活におけるフーリエ変換

　人間の感覚では，様々な情報を周波数情報として知覚することが多くある．例えば音の高低は空気振動を耳で知覚して，この振動に含まれる波の成分の周波数を音の高さとして認識している．

　例えば，音楽であればラの音は一般的には $440\,\mathrm{Hz}$ であり，ラ，ラ#，シ，ド，…と半音高くなるごとに周波数が $2^{(1/12)}$ 倍となる．1 オクターブ高いラの音は $2^{(12/12)}=2$ 倍となり $880\,\mathrm{Hz}$ となる．すなわち周波数が 2 倍となると 1 オクターブ上がると知覚される．楽譜（図 1.2）はどの音（周波数）をどのタイミングで鳴らすかを指示したものであり，どの周波数の波が含まれるかを示した図 1.1 (j) と同様なものであると考えることができる．

　オーディオ機器には，グラフィックイコライザと呼ばれる機器がある（図 1.3）．これは，表示されている周波数の成分の音を大きくしたり小さくしたり，独自に制御できるものである．オーディオ機器では音声信号をイコライザにより調整し，電気信号として出力する．さらにこの電気信号を増幅し，増幅した電気信号をスピーカーにより音に変換している．このスピーカーの性能や周囲の環境（例えば，壁から音が反射して聞きにくいので，反射しやすい周波数を弱くする）や，聞く人の嗜好（低音が大きい方が好みとか，人の声を大きく聞きたいとか）により調整できるようになっている．多くのPC に含まれているため，興味のある読者は探していじってみて欲しい．

　弦楽器を例にとり，弦の振動を考えてみよう（図 1.4）．弦楽器は弦の振動の成分が音質として認識される．この弦の振動には基本振動（1 倍）だけで

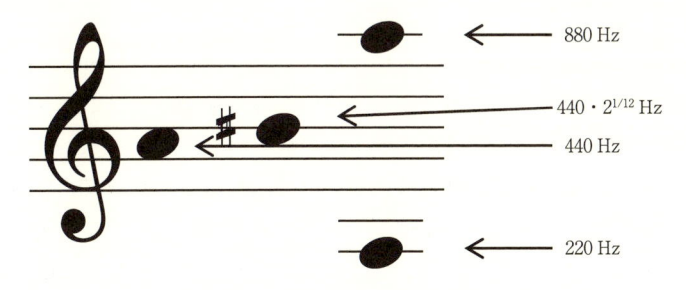

図 1.2　楽譜と周波数の関係

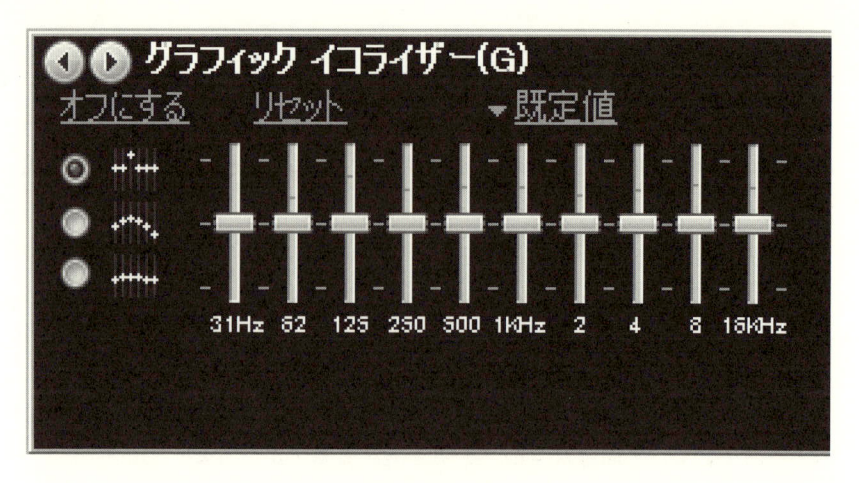

図1.3　イコライザ

なく，2倍，3倍，…の振動（同図 (b)），さらには筐体との振動などの組み合わせで音が決まる．この弦のある位置における変位をプロットすると同図 (a) のように複雑な振動となっている．フーリエ変換した結果が同図 (c) である．基本振動とその整数倍の周波数が含まれていることがわかる．ここで，弦の真ん中を軽く押さえると，押さえた真ん中が節となる振動以外は抑制され，抑えた点が節となる振動，すなわち $2n$ 倍（n は整数）の周期の振動のみが残る．これらから振動がどのように起こっているかフーリエ変換することでより容易に理解できる．同様に3等分する点を押さえることで，$3n$ 倍の整数倍の振動が残っていることがわかる．しかし，弦の変位の情報（同図 (a)）からでは，どのような振動が起きているか，読み取ることは困難である．

　機械工学の分野では，振動解析に多用される．例えば自動車では，エンジンの回転により振動が生じる．さらに路面からの振動，空気の流れによる振動など様々な振動の発生要因がある．この振動の変位をフーリエ変換し周波数領域で評価することで，例えばエンジンの回転数と振動の周波数が比例するようであれば，エンジンが振動源であると考えられる．一方，速度に比例するようであれば，速度に比例して回転数が変わるタイヤなどが振動源であると推定できる．このように周波数領域で考えることで，原因の解明が容易

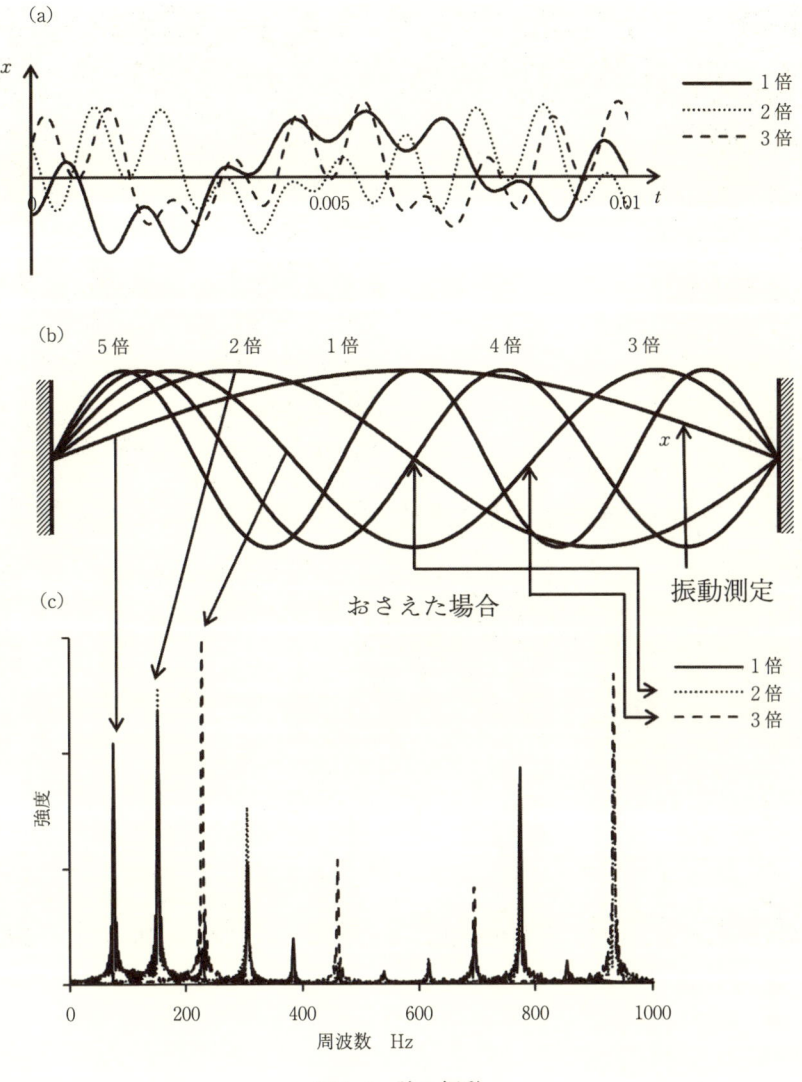

図 1.4　弦の振動

となる.

　近年でも，図 1.5 に示すようにエンジンのピストンピンと呼ばれる部品に振動吸収する部品を取り付けることで，エンジンの騒音を低減した乗用車が

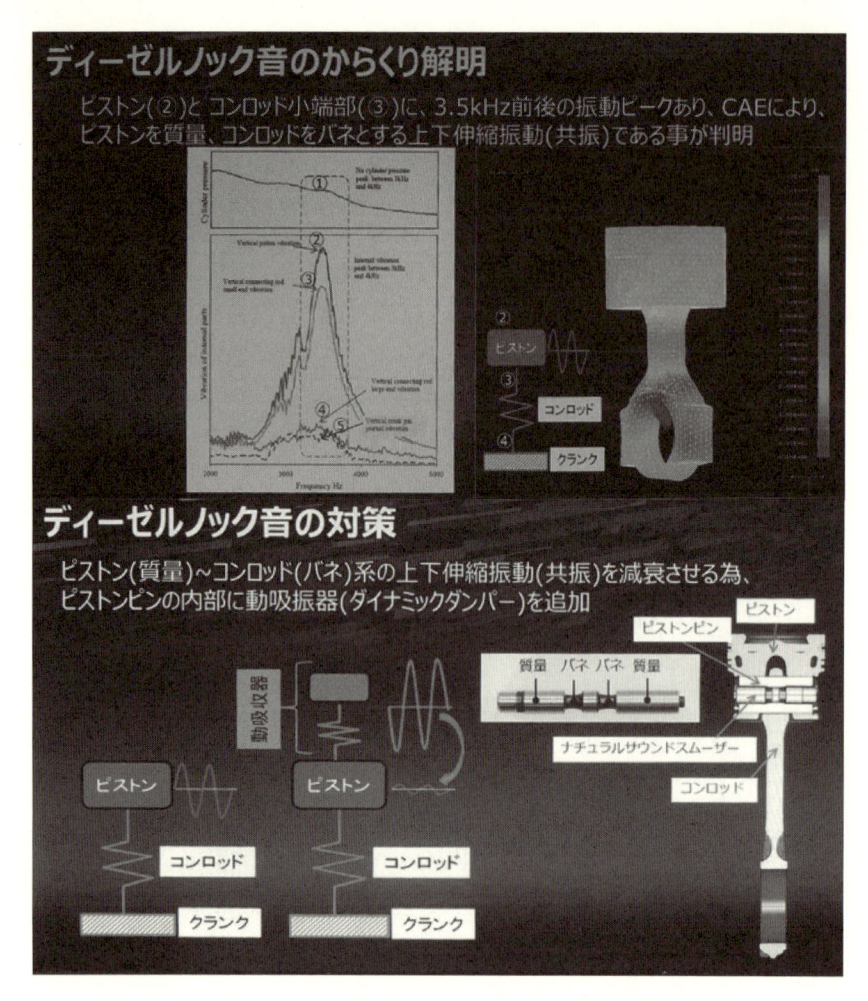

図1.5　エンジンの振動低減の例（出典元：オートプルーブ）

市販されている（図1.5）.

　他にも，光は電磁波の一種である．人は波長が400〜800 nm 程度の光を見ることができる．これは 5×10^{14} Hz 程度で振動する交流電場であり，人間の目では波長に応じて紫〜赤として知覚される．

1.3 フーリエ変換，三角フーリエ級数展開，複素フーリエ級数展開

本書ではフーリエ変換の理解が主な対象であるが，理解を容易にするために三角関数を使ったフーリエ級数展開から導入する．その後，複素数を使ったフーリエ級数展開を解説する．これらのフーリエ級数展開は周期的な関数のみを対象とする．その後，非周期的な関数も対象とできるフーリエ変換に進める．

三角フーリエ級数展開：周期的な関数を対象としており，基本周期の整数倍の周波数の三角関数の和，すなわち級数として表される．周期が 2π であるときは，次のように表される．

$$f(t) = \frac{a_0}{2} + \sum_{n=1}^{\infty} (a_n \cos nt + b_n \sin nt) \tag{1.1}$$

$$a_0 = \frac{1}{\pi} \int_{-\pi}^{\pi} f(t) dt \tag{1.2}$$

$$a_n = \frac{1}{\pi} \int_{-\pi}^{\pi} f(t) \cos nt\, dt \tag{1.3}$$

$$b_n = \frac{1}{\pi} \int_{-\pi}^{\pi} f(t) \sin nt\, dt \tag{1.4}$$

複素フーリエ級数展開：三角フーリエ級数展開でつかっている $\sin nt$ や $\cos nt$ の三角関数の代わりに e^{int} を使ったもので，実際の内容については，三角フーリエ級数展開と違いはない．

$$f(t) = \sum_{n=-\infty}^{\infty} c_n e^{int} \tag{1.5}$$

$$c_n = \frac{1}{2\pi} \int_{-\pi}^{\pi} f(t) e^{-int} dt \tag{1.6}$$

フーリエ級数展開については，テーラー展開（多項式展開）を三角関数に変えたものを考えることもできる．

┌─ **テーラー展開** ─────────────────────────────

$$f(x) = \sum_{n=0}^{\infty} \frac{f^{(n)}(a)}{n!}(x-a)^n$$

└──

フーリエ変換：複素フーリエ級数展開の周期を無限大として算出したもの
で，周期関数に限らず，ほとんど全ての関数を変換できる．

$$F(\omega) = \int_{-\infty}^{\infty} f(t)e^{-i\omega t}dt \tag{1.7}$$

$$f(t) = \frac{1}{2\pi}\int_{-\infty}^{\infty} F(\omega)e^{i\omega t}d\omega \tag{1.8}$$

本書では虚数を表すのに i を使う．英語の imaginary number からとってお
り，一般的に使われている．ただし，電気工学の分野では電流を i として表
すことから，混同を防ぐために虚数を j と表すことが多い．

　本書では，これらのフーリエ変換の説明の後に，入力が変わった場合にど
のような出力が得られるかを算出するためのたたみ込み積分や微分方程式と
フーリエ変換との関係を説明して，実際の利用について理解を深める．

第2章

複素数と特殊関数

2.1 複素平面

複素数 z は実部と虚部からなる数で，実数 x, y，虚数単位 i $(i^2 = -1)$ を用いると $z = x + iy$ と表される．

2次元平面上にて実部 (R_e と表現する) を横軸 (実軸と呼ぶ)，虚部 (I_m と表現する) を縦軸 (虚軸と呼ぶ) にプロットしたものを複素平面という．複素数はこの平面上のある点に対応する．

ここで，虚部の符号を反転したものを複素共役とよび，$z^* = x - iy$ と表す．複素平面上では実軸を対象に上下反転した位置に対応する．また原点からの距離を z の絶対値 (ノルム) $|z|$ と呼び

$$|z| = \sqrt{x^2 + y^2} = \sqrt{zz^*} \tag{2.1}$$

として計算できる．これらの関係を図 2.1 に示す．

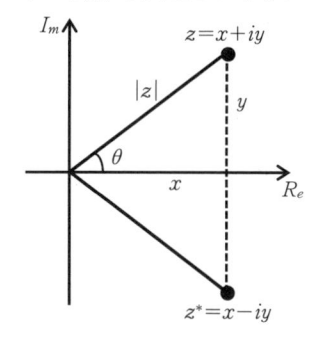

図 2.1　複素平面

複素数は極座標でも表現することができる．原点からの距離を r，実軸とのなす角を θ とすると

$$z = x + iy = r(\cos\theta + i\sin\theta) \tag{2.2}$$

と表現できる．これらの関係を図 2.2 に示す．

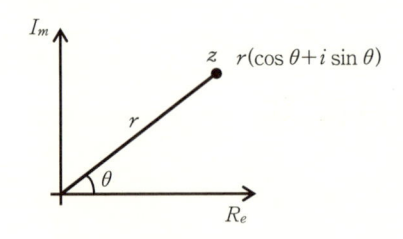

図2.2 複素数の極座標表示

2.2 複素数の加減乗除

ここで,2つの複素数の加減乗除について考えてみる.2つの複素数を

$$z_1 = x_1 + iy_1 \tag{2.3}$$

$$z_2 = x_2 + iy_2 \tag{2.4}$$

とする.加減算については

$$z_1 + z_2 = (x_1 + x_2) + i(y_1 + y_2) \tag{2.5}$$

$$z_1 - z_2 = (x_1 - x_2) + i(y_1 - y_2) \tag{2.6}$$

となる.実部と虚部がそれぞれ加減算されるため,複素平面上では,ベクトルの加減算と同様に考えることができる(図2.3).

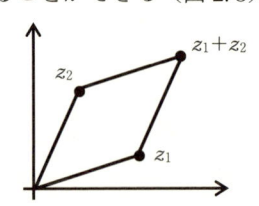

図2.3 複素平面上での加算

2つの複素数を極座標で

$$z_1 = r_1(\cos\theta_1 + i\sin\theta_1) \tag{2.7}$$

$$z_2 = r_2(\cos\theta_2 + i\sin\theta_2) \tag{2.8}$$

と表現する.乗算については

$$\begin{aligned}
z_1 z_2 &= r_1 r_2 (\cos\theta_1 + i\sin\theta_1)(\cos\theta_2 + i\sin\theta_2) \\
&= r_1 r_2 \{ (\cos\theta_1 \cos\theta_2 - \sin\theta_1 \sin\theta_2) \\
&\qquad + i(\cos\theta_1 \sin\theta_2 + \sin\theta_1 \cos\theta_2) \}
\end{aligned} \tag{2.9}$$

$$= r_1 r_2 (\cos(\theta_1 + \theta_2) + i \sin(\theta_1 + \theta_2))$$

となる．複素平面で考えると，原点からの距離を r_2 倍し，角度を θ_2 回転させていると考えることができる（図 2.4）．特に $r_2 = 1$ のときは角度を θ_2 回転させていると考えることができる．除算については乗算の逆で，距離を $1/r_2$ 倍し，角度を $-\theta_2$ 回転させている．

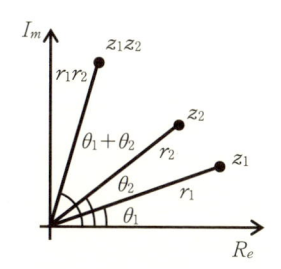

図 2.4　複素平面上での乗算

2.3　オイラーの公式

オイラーの公式とよばれる以下のような式がある．

$$e^{i\theta} = \cos\theta + i\sin\theta \tag{2.10}$$

この公式の証明は様々な方法がある．ここでは，マクローリン展開する例を挙げる．$e^{\theta}, \sin\theta, \cos\theta$ をそれぞれマクローリン展開する．

$$e^{\theta} = \sum_{n=0}^{\infty} \frac{1}{n!}\theta^n, \tag{2.11}$$

$$\cos\theta = \sum_{n=0}^{\infty} (-1)^n \frac{1}{(2n)!}\theta^{2n}, \tag{2.12}$$

$$\sin\theta = \sum_{n=0}^{\infty} (-1)^n \frac{1}{(2n+1)!}\theta^{2n+1} \tag{2.13}$$

したがって，

$$e^{i\theta} = \sum_{n=0}^{\infty} i^n \frac{1}{n!}\theta^n$$

$$= \sum_{m=0}^{\infty} i^{4m} \frac{1}{4m!}\theta^{4m} + \sum_{m=0}^{\infty} i^{4m+1} \frac{1}{(4m+1)!}\theta^{4m+1}$$

$$+ \sum_{m=0}^{\infty} i^{4m+2} \frac{1}{(4m+2)!} \theta^{4m+2}$$

$$+ \sum_{m=0}^{\infty} i^{4m+3} \frac{1}{(4m+3)!} \theta^{4m+3} \qquad (2.14)$$

$$= \sum_{m=0}^{\infty} \frac{1}{4m!} \theta^{4m} + \sum_{m=0}^{\infty} i \frac{1}{(4m+1)!} \theta^{4m+1}$$

$$+ \sum_{m=0}^{\infty} (-1) \frac{1}{(4m+2)!} \theta^{4m+2}$$

$$+ \sum_{m=0}^{\infty} (-i) \frac{1}{(4m+3)!} \theta^{4m+3}$$

$$= \sum_{m=0}^{\infty} \frac{1}{4m!} \theta^{4m} - \sum_{m=0}^{\infty} \frac{1}{(4m+2)!} \theta^{4m+2}$$

$$+ i \left\{ \sum_{m=0}^{\infty} \frac{1}{(4m+1)!} \theta^{4m+1} \right.$$

$$\left. - \sum_{m=0}^{\infty} \frac{1}{(4m+3)!} \theta^{4m+3} \right\}$$

$$\cos \theta = \sum_{n=0}^{\infty} (-1)^n \frac{1}{(2n)!} \theta^{2n}$$

$$= \sum_{m=0}^{\infty} \frac{1}{(4m)!} \theta^{4m} - \sum_{m=0}^{\infty} \frac{1}{(4m+2)!} \theta^{4m+2} \qquad (2.15)$$

$$\sin \theta = \sum_{n=0}^{\infty} (-1)^n \frac{1}{(2n+1)!} \theta^{2n+1}$$

$$= \sum_{m=0}^{\infty} \frac{1}{(4m+1)!} \theta^{4m+1} - \sum_{m=0}^{\infty} \frac{1}{(4m+3)!} \theta^{4m+3} \qquad (2.16)$$

式 (2.14)〜(2.16) を比較して $e^{i\theta} = \cos \theta + i \sin \theta$ となる.

オイラーの公式から, $e^{i\theta}$ は複素平面上においては単位円上で実軸となす角が θ となる位置にプロットされ, θ が変化することで単位円上を移動する (図2.5).

ある数に $e^{i\theta}$ をかけることを複素平面上において考える. $|e^{i\theta}|=1$ であること, $e^{i\theta}=\cos \theta + i \sin \theta$ であること, 2.2節の乗算の意味を併せて考えると, ある数に $e^{i\theta}$ を掛けるということは, 複素平面上において, 角度 θ だけ回転させることと同義である. さらに複数回 $e^{i\theta}$ を掛けるということは, その θ の和の分だけ回転させるということなる. 具体的に, $e^{i\theta_1}$ と $e^{i\theta_2}$ をある数に

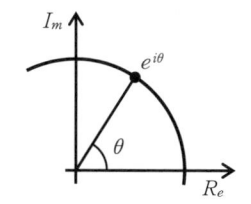

図2.5 $e^{i\theta}$ の複素平面上での位置

掛けるということを考える．この掛け算は，複素平面上において原点を中心に θ_1 の回転を行い，引き続き θ_2 の回転を行う．すなわち $\theta_1 + \theta_2$ の回転を行うことになる．順番を変えて先に乗算 $e^{i\theta_1}e^{i\theta_2} = e^{i(\theta_1 + \theta_2)}$ を行ってから，ある数に $e^{i(\theta_1 + \theta_2)}$ を掛けるということは，$\theta_1 + \theta_2$ の回転を行っていることになり，当然両者は一致する．

オイラーの公式を使って $\sin \theta, \cos \theta$ を以下のように表すことができる．

$e^{i\theta} = \cos \theta + i \sin \theta$

$e^{-i\theta} = \cos(-\theta) + i \sin(-\theta) = \cos \theta - i \sin \theta$

$e^{i\theta} + e^{-i\theta} = 2 \cos \theta$

$e^{i\theta} - e^{-i\theta} = 2i \sin \theta$

$$\cos \theta = \frac{e^{i\theta} + e^{-i\theta}}{2} \tag{2.17}$$

$$\sin \theta = \frac{e^{i\theta} - e^{-i\theta}}{2i} \tag{2.18}$$

複素平面では，これらの関係は，図2.6 のように示される

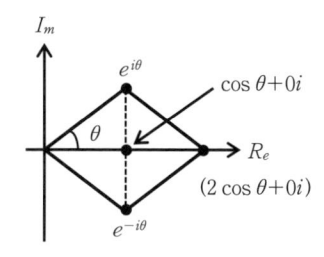

図2.6 $e^{i\theta}$ と $\cos \theta$ との関係

複素数の実部のみ，虚部のみを取り出すことを以下のように記載する．

$$x = R_e(z) \tag{2.19}$$

$$y = I_m(z) \tag{2.20}$$

したがって

$$R_e[e^{i\theta}] = \cos\theta \tag{2.21}$$

$$I_m[e^{i\theta}] = \sin\theta \tag{2.22}$$

その他に以下のような関係がある．

$$R_e[A_1 e^{i\omega_1 t} \pm A_2 e^{i\omega_2 t}] = R_e[A_1 e^{i\omega_1 t}] \pm R_e[A_2 e^{i\omega_2 t}] \tag{2.23}$$

$$R_e\left[\frac{d}{dt} A e^{i\omega t}\right] = \frac{d}{dt} R_e[A e^{i\omega t}] \tag{2.24}$$

$$R_e[A_1 e^{i\omega_1 t} \times A_2 e^{i\omega_2 t}] \neq R_e[A_1 e^{i\omega_1 t}] \times R_e[A_2 e^{i\omega_2 t}] \tag{2.25}$$

例題 2.1

$1-i$ を極座標形式で表しなさい．

解答

　絶対値は，原点からの距離であるため $\sqrt{2}$ となる．式 (2.1) を使っても，同様に $|1-i| = \sqrt{(1-i)(1+i)} = \sqrt{2}$ となる．

原点からのなす角は $\dfrac{7}{4}\pi$ であるため

$$\sqrt{2}\left(\cos\frac{7}{4}\pi + i\sin\frac{7}{4}\pi\right) = \sqrt{2}\,e^{i\frac{7}{4}\pi}$$

複素平面上でプロットすると以下のようになる．

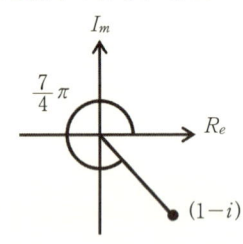

例題 2.2

i の三乗根を求めなさい．

解答

i を極座標表示すると

$$i = e^{\frac{i}{2}\pi}$$

さらに 2π（1周）分だけずれたものも同位置となるため

$$i = e^{i\left(\frac{1}{2}+2n\right)\pi} \qquad \text{ただし } n \text{ は整数}$$

と表される．したがって，

$$\sqrt[3]{i} = e^{i\left(\frac{1}{6}+\frac{2}{3}n\right)\pi} = e^{i\frac{1}{6}\pi}, e^{i\frac{5}{6}\pi}, e^{i\frac{3}{2}\pi}$$

n が 3 以上の場合，すなわち $e^{i\frac{13}{6}\pi}, e^{i\frac{17}{6}\pi}, \cdots$ については，$e^{i\frac{1}{6}\pi}, e^{i\frac{5}{6}\pi}, e^{i\frac{3}{2}\pi}$ のいずれかと同じであるため，省略する．直交座標系に変換すると，以下のように表される．

$$\sqrt[3]{i} = \frac{\sqrt{3}}{2} + \frac{i}{2}, \; -\frac{\sqrt{3}}{2} + \frac{i}{2}, \; -i$$

例題 2.3

$te^{2\pi it}(0 \leq t \leq 1)$ の軌跡を複素平面上に描きなさい．

解答

$e^{2\pi it}$ は $(0 \leq t \leq 1)$ の範囲では単位円上を 1 から反時計回りに 1 周する．これに t を掛けていることから，半径が 0〜1 へと大きくなる．したがって渦巻き状の軌跡を描く．

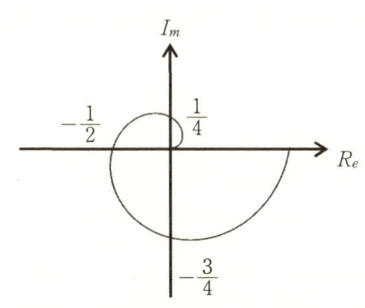

2.4 周期関数

周期関数とは，周期の整数倍で関数をずらしたとき重なるものである．

周期を T として，数学的に表現すると

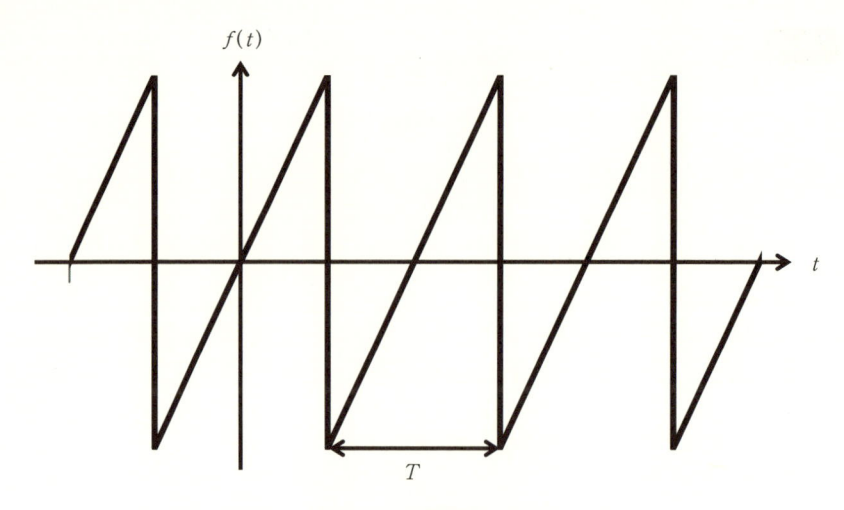

図2.7　周期関数の例

$$f(t) = f(t+nT) \qquad n：整数 \qquad\qquad (2.26)$$

が成り立つことである（図2.7）．ここで，$1/T$：周波数，$\omega = 2\pi/T$：角周波数である．

2.5　奇関数，偶関数

　ある関数 $f(t)$ があり $y = f(t)$ とグラフを書いたときに，y 軸に対象となる関数を偶関数，原点に対称となる関数を奇関数と呼ぶ（図2.8）．数式で表すと以下のようになる．

偶関数：$f(-t) = f(t)$ \qquad\qquad (2.27)

奇関数：$f(-t) = -f(t)$ \qquad\qquad (2.28)

　特に，正負同じ範囲で積分をするときに以下の関係になる．フーリエ変換の計算においては，この関係を利用すると計算が簡単になることが多い．

偶関数：$\displaystyle\int_{-a}^{a} f(t)dt = 2\int_{0}^{a} f(t)dt$ \qquad\qquad (2.29)

奇関数：$\displaystyle\int_{-a}^{a} f(t)dt = 0$ \qquad\qquad (2.30)

　偶関数と奇関数の積については，以下のような関係となる．特に，偶数奇数の関係とは異なるので，注意が必要である．

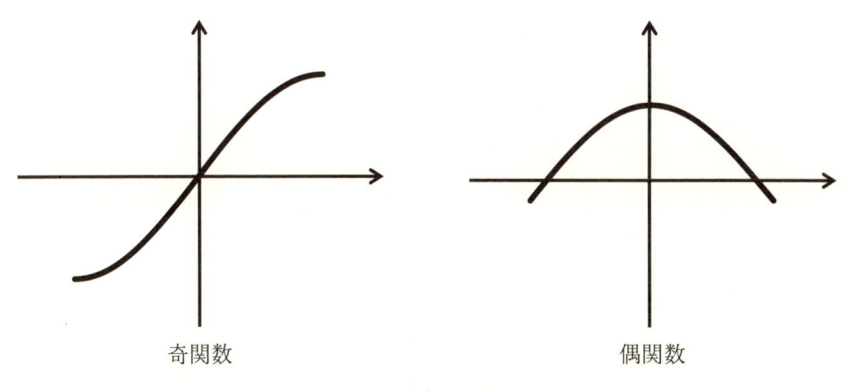

奇関数　　　　　　　　　　偶関数

図 2.8　奇関数，偶関数の例

偶関数×偶関数 → 偶関数
奇関数×奇関数 → 偶関数
奇関数×偶関数 → 奇関数

例題 2.4

$f(t) = t^2 \cos t$ は奇関数，偶関数，奇関数でも偶関数でもない，のいずれか答えなさい.

解答

$$f(-t) = (-t)^2 \cos{-t} = t^2 \cos t = f(t)$$

したがって偶関数である.

2.6　超関数

　関数とは，ある値を入力すると，ある決まった値を出力するものであり，数学では $f(x)$，$f(x, y, z)$ などで表されている．これらはある値を x, y, z などとして入力するとある決まった値を出力するもので，コンピュータ言語における関数についても同様の意味合いで使われている.

　ここでは関数の概念を拡張し，ある入力に対して，決まった値を出力しない場合でも関数として取り扱い，利用することを考える．このような関数を超関数（generalized function）と呼ぶ．具体的には，決まった値を持たない

（無限大の値を持つ）場合や，滑らかでなくても微分できるなどといった2つの関数を取り扱う．

2.6.1　デルタ関数

以下のように定義する関数をデルタ関数もしくはインパルス関数と呼ぶ．

$$\int_{-\infty}^{\infty} f(t)\delta(t)dt = f(0) \tag{2.31}$$

無限大の範囲で積分した結果が $f(0)$ の値であることから，$\delta(t)$ は $t \neq 0$ での $f(t)$ の値には一切影響を受けない必要がある．そのため，$t \neq 0$ において $\delta(t)=0$ となる．さらに，$\delta(t)=0$ $(t \neq 0)$ であることから，$t=0$ で ∞ の値をもつ関数である．直感的には積分すると1となる以下の関数の $\varepsilon \to 0$ の極限をとった場合とすると理解しやすい．

$$g(t) = \begin{cases} 1/2\varepsilon & |t| \leq \varepsilon \\ 0 & |t| > \varepsilon \end{cases} \tag{2.32}$$

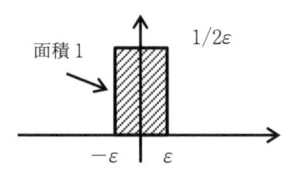

図2.9　デルタ関数

$$\int_{-\infty}^{\infty} f(t)g(t)dt = \frac{1}{2\varepsilon} \int_{-\varepsilon}^{\varepsilon} f(t)dt$$

$\int_{-\varepsilon}^{\varepsilon} f(t)dt$ は $[-\varepsilon, \varepsilon]$ 間における $[f(t)$ の平均値$] \times 2\varepsilon$ となる．$\varepsilon \to 0$ の極限をとるため，$[-\varepsilon, \varepsilon]$ 間における $[f(t)$ の平均値$]$ は $f(0)$ となる．したがって

$$\int_{-\infty}^{\infty} f(t)\delta(t)dt = \lim_{\varepsilon \to 0} \int_{-\infty}^{\infty} f(t)g(t)dt = f(0)$$

が求められた．

物理的には瞬間的に力を加えた場合（ハンマーなどで衝撃力を加えた場合）などを表現するときに利用する．

デルタ関数には以下の性質がある．

a.　$\int_{-\infty}^{\infty} \delta(t-t_0)dt = 1 \tag{2.33}$

b. $\delta(at) = \dfrac{1}{|a|}\delta(t)$ (2.34)

c. $\displaystyle\int_{-\infty}^{\infty} f(t)\delta(t)dt = f(0)$ (2.35)

d. $\displaystyle\int_{-\infty}^{\infty} f(t)\delta(t-t_0)dt = f(t_0)$ (2.36)

特に任意の関数 $f(t)$ にデルタ関数をかけて積分することで，デルタ関数が 0 となる時間の $f(t)$ の値を取り出すことができる．

2.6.2 ヘヴィサイド関数

ヘヴィサイド関数とは単位階段関数とも呼ばれる関数である．

$$u(t) = \begin{cases} 1 & t > 0 \\ 0 & t < 0 \end{cases}$$

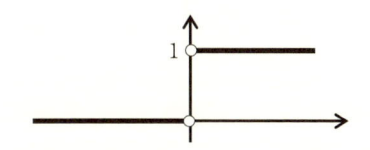

図 2.10　ヘヴィサイド関数

ヘヴィサイド関数には以下の性質がある．

a. $f(t)u(t) = \begin{cases} f(t) & t > 0 \\ 0 & t < 0 \end{cases}$ (2.37)

b. $f(t)u(t-t_0) = \begin{cases} f(t) & t > t_0 \\ 0 & t < t_0 \end{cases}$ (2.38)

c. $\displaystyle\int \delta(t)dt = u(t)$ (2.39)

d. $\dfrac{d}{dt}u(t) = \delta(t)$ (2.40)

特に a, b の性質は，ある関数 $f(t)$ に対してある時間以前を 0 とする．このため，例えば，あるタイミングから力を加えたり，スイッチを入れたりする場合を表現する場合によく利用される．c の性質については，デルタ関数が式（2.33）の性質から $t=0$ 以外において 0，0 のときに積分値が 1 となるこ

とから，容易に理解できる．d の性質については，ヘヴィサイド関数は 0 において不連続であるため，従来の理解では，微分は定義できない，しかし，c の両辺を t で微分することで得られる．

例題 2.5

$f(t)=t\{u(t+1)\}$ をグラフに表しなさい．

解答

$u(t+1)$ は $t>-1$ で 1 であるため，$f(t)=\begin{cases}0 & (t<-1)\\ t & (t>-1)\end{cases}$ となる．

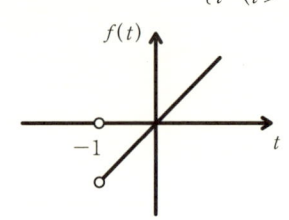

例題 2.6

$u(t)\delta(t+1)$ を簡単にしなさい．

解答

$\delta(t+1)$ は $t\neq-1$ で 0，$t=-1$ のとき $u(t)=0$．したがって

$u(t)\delta(t+1)=0$

演習問題

(1)　以下を計算しなさい．

　　(a)　$-i$ の 2 乗根，(b)　1 の 6 乗根，(c)　$(1+i)^n$，(d)　$\ln(-2)$

(2)　以下を複素平面上に描きなさい．

　　(a)　$2e^{i\theta}\ (0<\theta<\pi)$，(b)　$e^{i\theta}\cos\theta\ (0<\theta<\pi)$，

　　(c)　$e^{i\theta}\sin\theta\ (0<\theta<\pi/2)$

(3)　以下を極座標形式で表しなさい.
　　(a)　$1+\sqrt{3}i$,　(b)　$(\sqrt{3}-i)/(\sqrt{3}+i)$

(4)　以下の関数の周期を求めなさい.
　　(a)　$f(t)=\sin t+\cos 2t$,　(b)　$f(t)=\sin t\cos 2t$

(5)　以下の関数は奇関数, 偶関数, 奇関数でも偶関数でもないのいずれか答えなさい.
　　(a)　$f(t)=t$,　(b)　$f(t)=|t|$,　(c)　$f(t)=\sin(t^2)$

(6)　以下の数式をグラフに表しなさい.
　　(a)　$u(t+1)-u(t-1)$,　(b)　$u(t-\pi)\sin(t-\pi)$,
　　(c)　$u(-t)$,　(d)　$e^t u(-t)$

(7)　以下の式を簡単にしなさい.
　　(a)　$(t+2)u'(t)$,　(b)　$\displaystyle\int_{-\infty}^{\infty}(t+2)u'(t)dt$,
　　(c)　$\displaystyle\int_{-\infty}^{\infty}u(-t^2+4)dt$,　(d)　$\displaystyle\int_{-\infty}^{\infty}u[\delta(t)-1]dt$

(8)　以下のグラフを持つ関数 $f(t)$ を, ヘヴィサイド関数を使って1つの式で表しなさい.

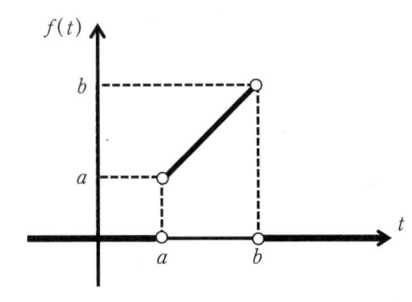

第3章

フーリエ級数展開

　本章で取り扱う三角フーリエ級数展開と次の章で取り扱う複素フーリエ級数展開では周期関数を対象としている.

3.1　三角フーリエ級数展開

　$-\pi$ から $+\pi$ の 2π を周期とする関数を対象とした三角フーリエ級数展開は次のように表される.

$$f(t) = \frac{a_0}{2} + \sum_{n=1}^{\infty} (a_n \cos nt + b_n \sin nt) \tag{3.1}$$

　第1項は定数項である. シグマの中に三角関数があり, その角速度が n 倍, すなわち周期は $2\pi, \pi, \pi/2, \pi/3, \cdots$ と 2π の整数分の1の周期の三角関数の和で表されている. ここで, 係数 a_0, a_n, b_n は以下の式で表される.

$$a_0 = \frac{1}{\pi} \int_{-\pi}^{\pi} f(t) dt \tag{3.2}$$

$$a_n = \frac{1}{\pi} \int_{-\pi}^{\pi} f(t) \cos nt \, dt \tag{3.3}$$

$$b_n = \frac{1}{\pi} \int_{-\pi}^{\pi} f(t) \sin nt \, dt \tag{3.4}$$

　係数 a_n, b_n の求め方については, 同じ関数をかけていると理解できる. すなわち, (3.1) 式の $\cos nt$ の係数 a_n は (3.3) 式で示すように元の関数 $f(t)$ に $\cos nt$ をかけて, 1周期 (2π) 積分することで算出している. $\sin nt$ の係数 b_n は同様に $\sin nt$ を元の関数 $f(t)$ にかけて積分している. 定数項 a_0 も同様で, (3.2) 式では省略されているが定数1をかけて積分することで定数成分の a_0 を算出している.

　変数として, 本書では t を使っている. 機械関係では振動, 電気系では電圧, 電流値など時間変動するものを対象とすることが多いためである. しかし, 特に時間変動のみを対象とする必要はなく, 教科書によっては普遍的に

x を使っている場合も多い．他の本を参照する場合は，適宜読み替えて比較して欲しい．

3.2　関数とベクトルの類似性

　前述の $\cos nt$，$\sin nt$ などの関数をかけて積分することでその関数の係数が算出される．これを関数の直交という考え方を使って説明する．

　まず，n 次元のベクトル

$$\vec{a} = (a_1, a_2, a_3, \cdots, a_n) \tag{3.5}$$

を考える．このベクトルは離散的な点を定義域とする関数 $a_i = a(t_i)$ として考えることができる．さらに無限次元のベクトルは連続する関数として定義することができる．

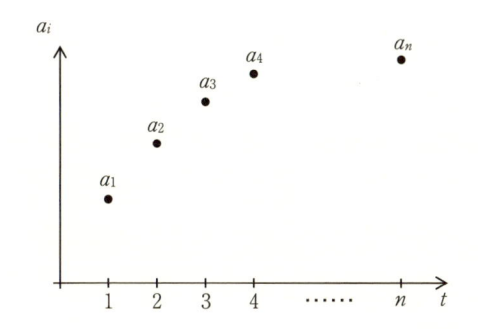

図 3.1　n 次元のベクトルの関数としての表現

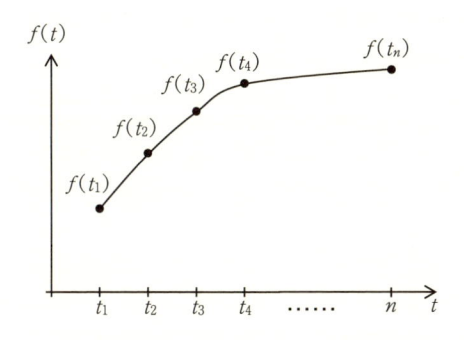

図 3.2　関数のベクトルとしての表現

逆に，$t_1, t_2, t_3, \cdots, t_n$ を定義域とする関数 $f(t)$ はベクトル $(f(t_1), f(t_2), f(t_3), \cdots, f(t_n))$ と考えることができる．さらに，$n \to \infty$ にすると定義域が無限になることから，関数 $f(t)$ は無限次元のベクトルと見なすことができる．

3.3 関数の内積

2つの n 次元の複素ベクトル

$$\vec{a} = (a_1, a_2, a_3, \cdots, a_n), \quad \vec{b} = (b_1, b_2, b_3, \cdots, b_n)$$

の内積は

$$\vec{a} \cdot \vec{b^*} = a_1 b_1{}^* + a_2 b_2{}^* + a_3 b_3{}^* + \cdots + a_n b_n{}^* = \sum_{k=1}^{n} a_k b_k{}^* \tag{3.6}$$

と表される．

同様に，n 点の定義域を持つ関数 $f_a(x)$ と $f_b(x)$ の内積を

$$f_a(t) f_b{}^*(t) = f_a(t_1) f_b{}^*(t_1) + f_a(t_2) f_b{}^*(t_2) + \cdots + f_a(t_n) f_b{}^*(t_n)$$

$$= \sum_{k=1}^{n} f_a(t_k) f_b{}^*(t_k) \tag{3.7}$$

と定義する．同様に連続関数の内積は

$$\int f_a(t) f_b{}^*(t) dt \tag{3.8}$$

として表す．

複素ベクトルの内積

各成分が複素数のベクトルを考える．例えば $(1+i, 1-i)$ などが複素ベクトルとして挙げられる．複素ベクトルで内積を計算するときは，片方のベクトルの複素共役をとる．すなわち，

$$\vec{a} \cdot \vec{b^*} = a_1 b_1{}^* + a_2 b_2{}^* + a_3 b_3{}^* + \cdots + a_n b_n{}^* = \sum_{k=1}^{n} a_k b_k{}^*$$

として算出する．

複素共役をとっても実数成分は変わらないため，実数のベクトルでは特に複素共役ということは明示していない．

複素共役をとる理由は，複素ベクトルで大きさを求めるために自身と内積をとった際に負の値や虚数になる問題を回避するためである．

　例えば，$(1+i, 1-i)$ の複素ベクトルがあったとき，複素共役をとらないで内積によりノルムを計算しようとすると

$$(1+i, 1-i) \cdot (1+i, 1-i) = (1+i)^2 + (1-i)^2 = 0$$

となりその大きさが 0 となってしまう．

　ここで複素数が自身の複素共役との積を求める場合は，式 (2.1) で計算したとおり，その大きさの 2 乗を求めることとなる．先ほどの例では

$$(1+i, 1-i) \cdot (1+i, 1-i)^* = (1+i)(1-i) + (1-i)(1+i) = 2+2 = 4$$

となる．このように，自身で内積をとった際に，大きさが 0 となる問題を避けることができる．そのため，複素ベクトルでは内積をとるときに片方のベクトルの複素共役をとる．

3.4 関数の直交

　2 つのベクトルがあるとき，このベクトルが直交するとは，2 つのベクトルのなす角が 90° となることである．また，内積が 0 となることも直交することと同義である．逆に内積が 0 となるとき，2 つのベクトルは直交する．すなわち

$$\vec{a} \cdot \vec{b}^* = a_1 b_1{}^* + a_2 b_2{}^* + a_3 b_3{}^* + \cdots + a_n b_n{}^* = \sum_{k=1}^{n} a_k b_k{}^*$$
$$= \|\vec{a}\| \cdot \|\vec{b}\| \cos\theta = 0 \tag{3.9}$$

のとき，$\vec{a}$ と $\vec{b}$ は直交する．

　ここで複数のベクトル

$$\vec{a_1}, \vec{a_2}, \vec{a_3}, \cdots$$

があったとき，異なるベクトル同士の内積が 0 になると，これらのベクトルは互いに直交しているという．これを数学的に表すと

$$\vec{a_n} \cdot \vec{a_m} = c\delta_{nm}$$

ただし，$c > 0$ となる．ここで，δ_{nm} はクロネッカーのデルタとよばれ

$$\delta_{nm} = \begin{cases} 0 & (m \neq n) \\ 1 & (m = n) \end{cases} \tag{3.10}$$

となる．すなわち式 (3.10) は n と m が同じ場合には 1, n と m が異なる場

合には 0 となる.

　関数でも同様に，2 つの関数の内積がゼロとなるとき，その関数は直交すると言う. すなわち，

$$\int f_m(t) f_n{}^*(t) dt = 0 \tag{3.11}$$

を満たした場合，2 つの関数は直交するという. ベクトルとの類似性から式 (3.11) が 0 になる場合を直交する関数と呼んでおり. 例えば，関数を示したグラフのどこかが 90° になるなどというわけでない. 誤解しないようにして欲しい.

　複数の関数でもベクトルの場合と同じで，お互いに内積 (3.11) が 0 となるとき，これらの関数は互いに直交しているといい，これらを満たす関数のことを互いに直交する関数と呼ぶ. 数式で表すと

$$\int f_m(t) f_n{}^*(t) dt = c\delta_{nm} \tag{3.12}$$

を満たす関数 $f_m(t)$ と $f_n(t)$ が，直交する関数である.

　具体的には，$\cos nt, \sin nt$（ただし，n は 0 ではない整数）が互いに直交する関数である.

$$\int_{-\pi}^{\pi} \sin mt \sin nt\, dt = 0 \quad (m \neq n) \tag{3.13}$$

$$\int_{-\pi}^{\pi} \cos mt \cos nt\, dt = 0 \quad (m \neq n) \tag{3.14}$$

$$\int_{-\pi}^{\pi} \sin mt \cos nt\, dt = 0 \tag{3.15}$$

$$\int_{-\pi}^{\pi} \cos^2 mt\, dt = \int_{-\pi}^{\pi} \sin^2 mt\, dt = \pi \tag{3.16}$$

式のように $m \neq n$ のときの sin 同士および cos 同士, sin と cos の積分は 0, $m = n$ のときで sin 同士, cos 同士の場合のみ π となる. さらに, 定数 c を加えると,

$$\int_{-\pi}^{\pi} c \sin nt\, dt = 0 \tag{3.17}$$

$$\int_{-\pi}^{\pi} c \cos nt\, dt = 0 \tag{3.18}$$

$$\int_{-\pi}^{\pi} c^2 dt = 2\pi c^2 \tag{3.19}$$

となり，定数 c についても $\cos nt, \sin nt$ とは直交する．

3.5 正規化

ベクトルとの類似性から内積を使って関数の直交を定義した．次に大きさについて考えてみる．

ベクトルにおいては，ベクトルの長さは自身との内積の平方根により求められる．

$$\|\vec{e}\| = \sqrt{\vec{e} \cdot \vec{e}} = \sqrt{e_1{}^2 + e_2{}^2} \geq 0$$

$$\|\vec{c}\| = \sqrt{\vec{c} \cdot \vec{c}} = \sqrt{c_1{}^2 + c_2{}^2 + c_3{}^2} \geq 0$$

$$\|\vec{a}\| = \sqrt{\vec{a} \cdot \vec{a}} = \sqrt{a_1{}^2 + a_2{}^2 + \cdots + a_n{}^2} \geq 0 \tag{3.20}$$

ベクトルの長さ（ノルム）が1のとき，正規化されたベクトルと呼ぶ．さらにそれらが直交している場合に正規直交ベクトルと呼ばれる．例えば3次元の単位ベクトル $(1, 0, 0)$，$(0, 1, 0)$，$(0, 0, 1)$ は正規直交ベクトルである．

関数でも同様で，自身と内積をとったときの大きさが1となる関数のことを正規化された関数という．

$$\int_{-\pi}^{\pi} \cos^2 nt\, dt = \int_{-\pi}^{\pi} \sin^2 nt\, dt = \pi \tag{3.16}$$

$$\int_{-\pi}^{\pi} c^2 dt = 2\pi c^2 \tag{3.19}$$

から，

$$\left\{ \frac{1}{\sqrt{2\pi}}, \frac{\cos t}{\sqrt{\pi}}, \frac{\sin t}{\sqrt{\pi}}, \frac{\cos 2t}{\sqrt{\pi}}, \frac{\sin 2t}{\sqrt{\pi}}, \cdots \right\}$$

が正規化された直交する関数，正規直交関数である．

ここで，ベクトルと関数との比較をしてみる．

表 3.1 ベクトルと関数の性質の比較

	ベクトル	関数
結合則	$(\vec{a}+\vec{b})+\vec{c}=\vec{a}+(\vec{b}+\vec{c})$	$(f(t)+g(t))+h(t)$ $=f(t)+(g(t)+h(t))$
交換則	$\vec{a}+\vec{b}=\vec{b}+\vec{a}$	$f(t)+g(t)=g(t)+f(t)$
スカラー倍	$(\alpha+\beta)\vec{a}=\alpha\vec{a}+\beta\vec{a}$	$(\alpha+\beta)f(t)=\alpha f(t)+\beta f(t)$
内積	$\vec{a}\cdot\vec{b}^{*}=a_1b_1{}^{*}+a_2b_2{}^{*}$ $+a_3b_3{}^{*}+\cdots+a_nb_n{}^{*}$ $=\sum_{k=1}^{n}a_kb_k{}^{*}$	$\int f_a(t)f_a{}^{*}dt$
直交する基底	$\vec{x},\vec{y},\vec{z}$	$\left\{\dfrac{1}{\sqrt{2\pi}},\dfrac{\cos t}{\sqrt{\pi}},\dfrac{\sin t}{\sqrt{\pi}},\dfrac{\cos 2t}{\sqrt{\pi}},\dfrac{\sin 2t}{\sqrt{\pi}}\cdots\right\}$
ピタゴラスの定理／パーセバルの等式	$\|\vec{a}\|^2=\sum_{m=1}^{n}a_m{}^2$	$\int_{-\pi}^{\pi}f^2(t)dt$ $=\dfrac{\pi a_0{}^2}{2}+\sum_{m=1}^{\infty}(\pi a_m{}^2+\pi b_m{}^2)$

ベクトルと関数を同様に利用できることが理解できるかと思う. パーセバルの等式については, 後ほど説明する.

3.6 フーリエ級数展開の意味

前述したようにフーリエ級数展開は

$$f(t)=\frac{a_0}{2}+\sum_{n=1}^{\infty}(a_n\cos nt+b_n\sin nt) \tag{3.1}$$

であり, 係数は以下のように表される.

$$a_0=\frac{1}{\pi}\int_{-\pi}^{\pi}f(t)dt \tag{3.2}$$

$$a_n=\frac{1}{\pi}\int_{-\pi}^{\pi}f(t)\cos nt\,dt \tag{3.3}$$

$$b_n=\frac{1}{\pi}\int_{-\pi}^{\pi}f(t)\sin nt\,dt \tag{3.4}$$

係数 a_n, b_n については, 内積を計算していると理解できる. すなわち,

$\cos nt$ の係数 a_n は元の関数 $f(t)$ に $\cos nt$ をかけて積分し算出している．このことは，様々な成分が含まれている関数に対して，直交する関数との内積をとり，その成分のみとりだしていると考えられる．

ベクトルで直交する成分に分離するために，例えば直交する各軸（x 軸，y 軸，…）の単位ベクトル成分との内積をかけて，その成分を算出しているのと同じことであるといえる．

係数をとりだす前の $1/\pi$ などについては，正規化するためにかけている．詳細は後ほど，パーセバルの等式の説明で述べる．

念のため，係数の算出方法について別の方法を試みてみよう．

$f(t)$ が

$$f(t) = \frac{a_0}{2} + \sum_{n=1}^{\infty} (a_n \cos nt + b_n \sin nt)$$

$$= \frac{a_0}{2} + a_1 \cos 1t + b_1 \sin 1t + a_2 \cos 2t + b_2 \sin 2t + \cdots$$

$$+ a_n \cos nt + b_n \sin nt \cdots$$

と表されるとする．両辺に $\cos nt$ をかけて，

$$\cos nt \cdot f(t) = \frac{a_0}{2} \cos nt + a_1 \cos 1t \cdot \cos nt + b_1 \sin 1t \cdot \cos nt$$

$$+ a_2 \cos 2t \cdot \cos nt + b_2 \sin 2t \cdot \cos nt + \cdots$$

$$+ a_n \cos nt \cdot \cos nt + b_n \sin nt \cdot \cos nt + \cdots \qquad (3.20)$$

さらに $-\pi$ から $+\pi$ まで積分する．

$$\int_{-\pi}^{\pi} \cos nt \cdot f(t) dt$$

$$= \int_{-\pi}^{\pi} \left(\frac{a_0}{2} \cos nt + a_1 \cos 1t \cdot \cos nt + b_1 \sin 1t \cdot \cos nt \right.$$

$$+ a_2 \cos 2t \cdot \cos nt + b_2 \sin 2t \cdot \cos nt + \cdots$$

$$\left. + a_n \cos nt \cdot \cos nt + b_n \sin nt \cdot \cos nt + \cdots \right) dt$$

$$= \frac{a_0}{2} \int_{-\pi}^{\pi} \cos nt \, dt$$

$$+ a_1 \int_{-\pi}^{\pi} \cos 1t \cdot \cos nt \, dt + b_1 \int_{-\pi}^{\pi} \sin 1t \cdot \cos nt \, dt$$

$$+a_2\int_{-\pi}^{\pi}\cos 2t\cdot\cos nt\,dt+b_2\int_{-\pi}^{\pi}\sin 2t\cdot\cos nt\,dt+\cdots$$

$$+a_n\int_{-\pi}^{\pi}\cos nt\cdot\cos nt\,dt+b_n\int_{-\pi}^{\pi}\sin nt\cdot\cos nt\,dt+\cdots$$

$$=a_n\int_{-\pi}^{\pi}\cos nt\cdot\cos nt\,dt=a_n\pi \tag{3.21}$$

したがって,

$$a_n=\frac{1}{\pi}\int_{-\pi}^{\pi}f(t)\cos nt\,dt \tag{3.22}$$

であり, フーリエ級数展開の式と一致した.

例題 3.1　三角フーリエ級数展開の例

$$f(t)=\begin{cases}0 & \left(-\pi\leq t<-\dfrac{\pi}{2},\dfrac{\pi}{2}<t<\pi\right)\\[2mm]1 & \left(-\dfrac{\pi}{2}\leq t\leq\dfrac{\pi}{2}\right)\end{cases}$$ をフーリエ級数展開しなさい.

解答

$f(t)$ のグラフは以下のようになる.

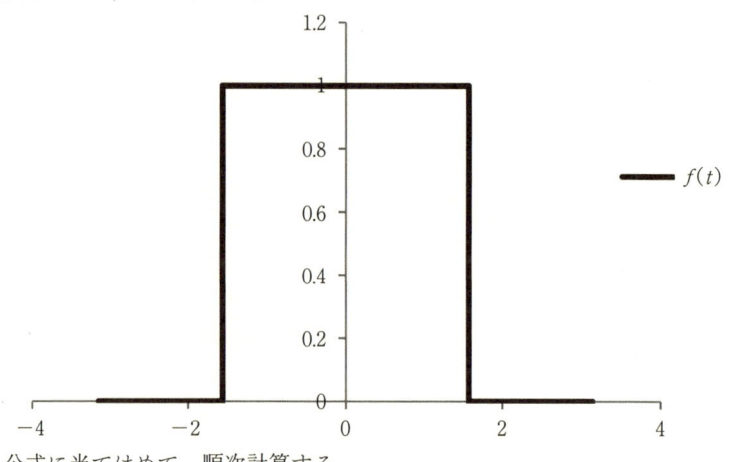

公式に当てはめて, 順次計算する.

偶関数なので

$$a_0=\frac{2}{\pi}\int_0^{\frac{\pi}{2}}dt=1$$

$$a_n = \frac{2}{\pi} \int_0^{\frac{\pi}{2}} 1 \cdot \cos nt\, dt = \frac{2}{\pi}\left[\frac{\sin nt}{n}\right]_0^{\frac{\pi}{2}} = \frac{2}{n\pi}\sin\frac{n\pi}{2}$$

$$b_n = 0$$

$$f(t) = \frac{1}{2} + \sum_{n=1}^{\infty}\frac{2}{n\pi}\sin\frac{n\pi}{2}\cos nt$$

$$n = \begin{cases} 2m \\ 2m-1 \end{cases} \text{で場合分けする.}$$

$$\sin\frac{2m\pi}{2} = 0$$

$$\sin\frac{(2m-1)\pi}{2} = (-1)^{m+1}$$

$$f(t) = \frac{1}{2} + \frac{2}{\pi}\sum_{m=1}^{\infty}\frac{(-1)^{m+1}}{2m-1}\cos(2m-1)t$$

m を $2, 5, 200$ まで足し合わせたグラフを書くと以下である. 元の関数に近づいて行く様子がわかる.

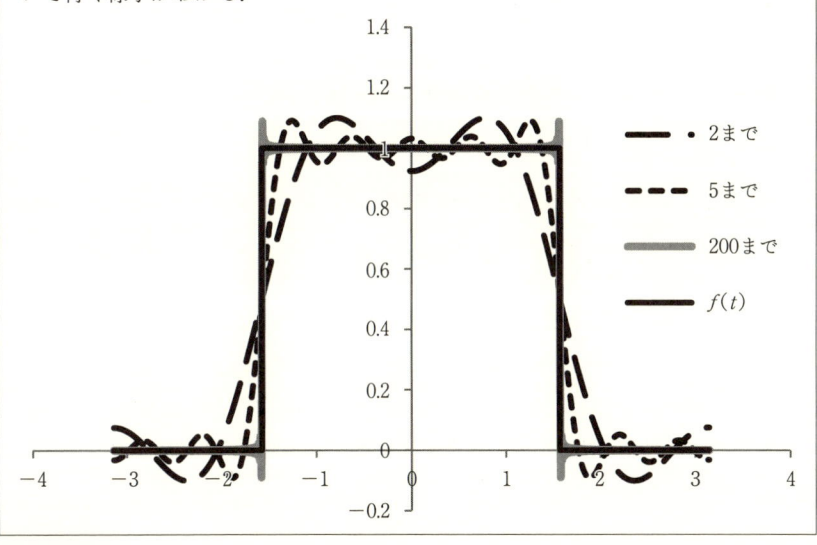

例題 3.2 三角フーリエ級数展開の例

$f(t) = t$, $[-\pi, \pi]$ を三角フーリエ級数展開しなさい.

解答

$f(t)$ のグラフは以下のようになる.

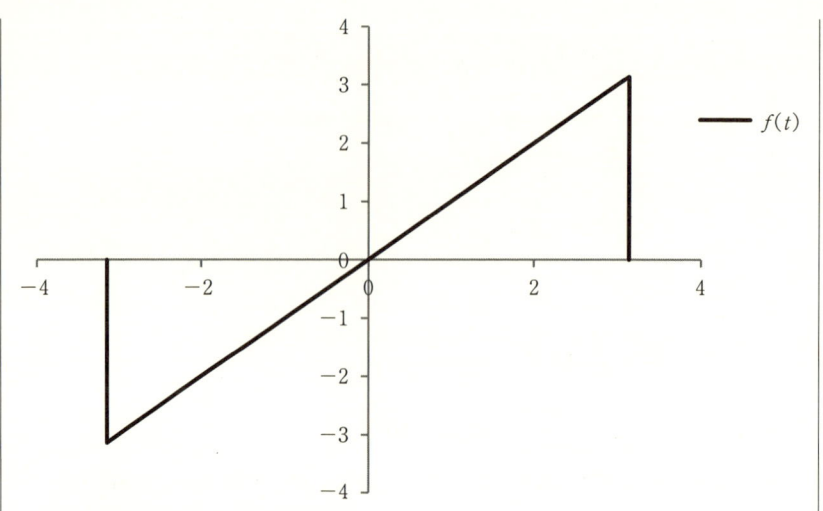

公式に当てはめて，順次計算する．

$f(t) = t$

$$a_0 = \frac{1}{\pi}\int_{-\pi}^{\pi} f(t)dt = \frac{1}{\pi}\int_{-\pi}^{\pi} t\,dt = 0$$

a_n は奇関数なので 0 である．

$$b_n = \frac{1}{\pi}\int_{-\pi}^{\pi} t\sin nt\,dt = \frac{2}{\pi}\int_{0}^{\pi} t\sin nt\,dt$$

$$= \frac{2}{\pi}\left\{\left[-t\frac{\cos nt}{n}\right]_0^{\pi} + \int_0^{\pi}\frac{\cos nt}{n}dt\right\}$$

$$= \frac{2}{\pi}\left(-\pi\frac{\cos n\pi}{n}\right) = \frac{-2}{n}(-1)^n$$

$$f(t) = \sum_{n=1}^{\infty}\frac{-2}{n}(-1)^n\sin nt$$

実際に n を $2, 5, 200$ まで足したグラフを書くと以下である．n を増やすに従って，元の関数に近づいて行く様子がわかる．

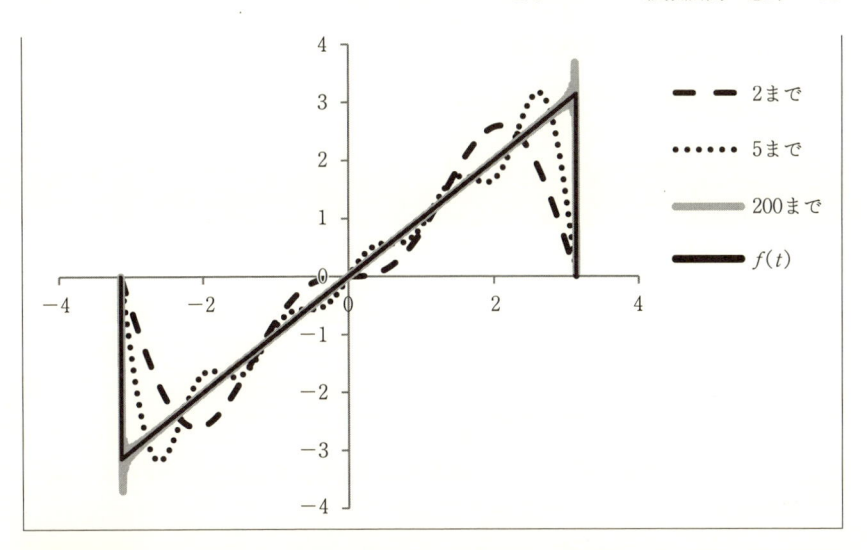

例題 3.3　三角フーリエ級数展開の例

$f(t)=\begin{cases} 0 & (-\pi \leq t < 0) \\ 1 & (0 \leq t \leq \pi) \end{cases}$ を三角フーリエ級数展開しなさい.

解答

$f(t)$ のグラフは以下のようになる.

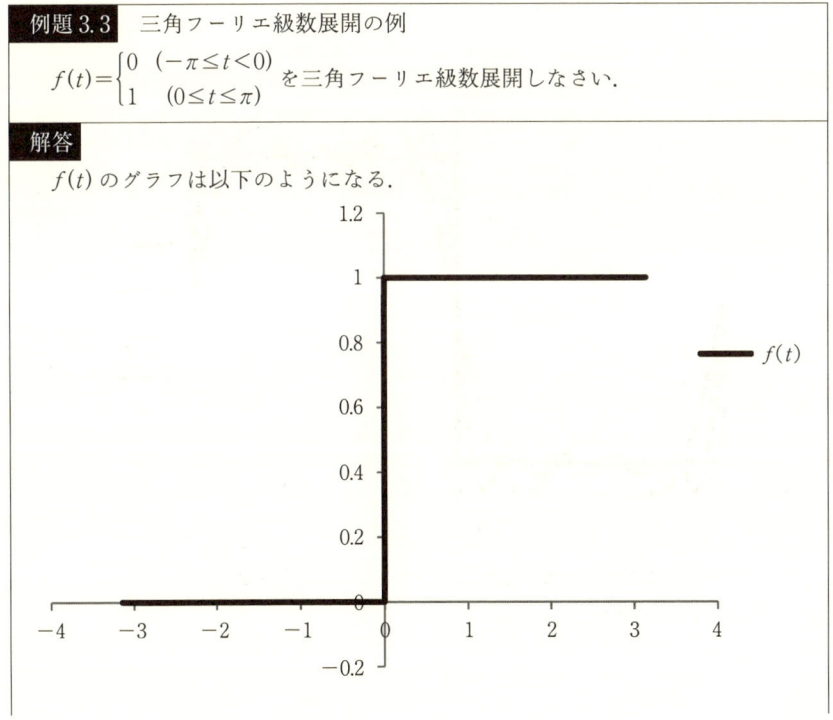

公式に当てはめて，順次計算する．

$$a_0 = \frac{1}{\pi}\int_{-\pi}^{\pi} f(t)dt = \frac{1}{\pi}\int_{0}^{\pi} 1\,dt = 1$$

$$a_n = \frac{1}{\pi}\int_{0}^{\pi} 1\cdot\cos nt\,dt = \frac{1}{\pi}\left[\frac{\sin nt}{n}\right]_{0}^{\pi} = 0$$

$$b_n = \frac{1}{\pi}\int_{0}^{\pi} 1\cdot\sin nt\,dt = \frac{1}{\pi}\left[\frac{-\cos nt}{n}\right]_{0}^{\pi} = \frac{1}{\pi}\frac{-\cos n\pi+1}{n}$$

$\cos n\pi = (-1)^n$ なので

$$b_n = \frac{1-(-1)^n}{n\pi}$$

$$f(t) = \frac{1}{2} + \sum_{n=1}^{\infty}\frac{1-(-1)^n}{n\pi}\sin nt$$

$1-(-1)^n$ は n が奇数のとき 2，n が偶数のとき 0 なので，$n=2m-1$ と $n=2m$ で場合分けし，

$$f(t) = \frac{1}{2} + \sum_{m=1}^{\infty}\frac{2\cdot\sin(2m-1)t}{(2m-1)\pi}$$

となる．

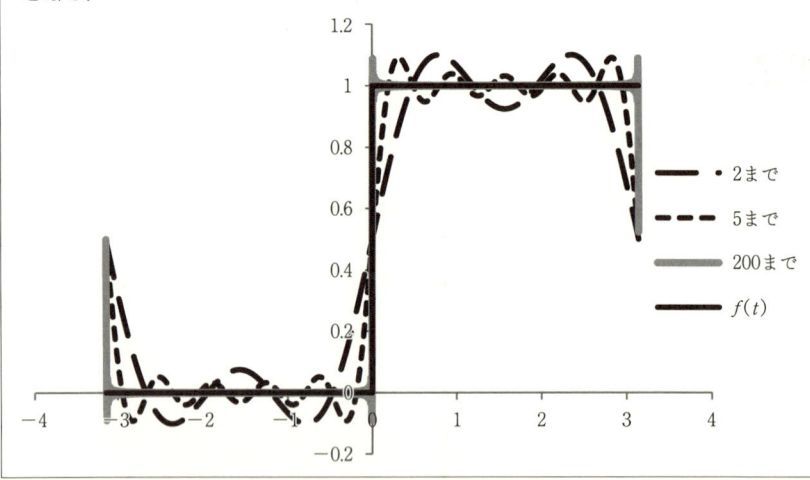

フーリエ級数展開では $\cos n\pi$，$\sin n\pi$ といった表現が出てくるが，これらは，以下のように簡単に表せる．

$$\sin n\pi = 0 \tag{3.23}$$

$$\cos n\pi = (-1)^n \tag{3.24}$$

$$\cos n\pi = (-1)^n = \begin{cases} -1 & (n = 2m-1) \\ 1 & (n = 2m) \end{cases} \tag{3.25}$$

3.7　リーマン・ルベーグの定理

　関数 $f(t)$ が区間 $[a, b]$ で区分的に連続であれば，リーマン・ルベーグの定理が成り立つ．

$$\lim_{n \to \infty} \int_a^b f(t)\sin nt\, dt = 0 \tag{3.26}$$

$$\lim_{n \to \infty} \int_a^b f(t)\cos nt\, dt = 0 \tag{3.27}$$

　ある $f(t)$ に対して $f(t)\sin nt$ を描いたものが以下である．

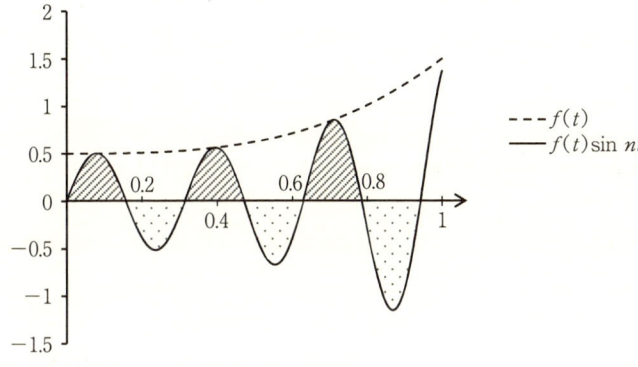

$f(t)$ を包絡線として，振動する波形が描ける．

　n を大きくするということはこの振動の周期を短くすることであり次ページの図のようになっていく．

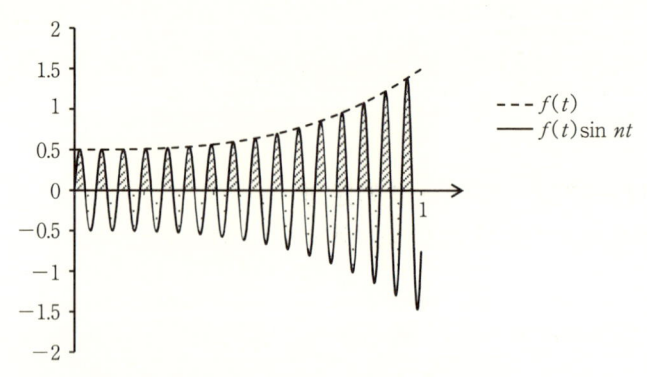

　ここで，正の部分の面積と負の部分の面積は相殺され，n を大きくするに従ってその差は小さくなっていき，その結果 0 に収束する．この積分は三角フーリエ級数展開の係数を求める積分（式 (3.3), (3.4)）と同じであるため，フーリエ級数展開の a_n, b_n といった係数は n が大きくなると必ず 0 に近づいていくことになる．

3.8　任意の周期の場合

　ここまで周期 2π，区間 $[-\pi, \pi]$ の範囲の関数を対象としてきた．これを一般化し，周期 T，区間 $[-T/2, T/2]$ の場合での三角フーリエ級数展開を行う．

　$f(t)$ が区間 $[-T/2, T/2]$ で定義された周期関数とする．$u=\dfrac{2\pi}{T}t$ と変数変換し，新しい関数 $g(u)$ として，$g(u)=f\left(\dfrac{T}{2\pi}u\right)$ となる関数を定義する．$g(u)$ は周期 2π の関数であるため，周期 2π のフーリエ級数展開が適用できる．

$$g(u) = \frac{a_0}{2} + \sum_{n=1}^{\infty} (a_n \cos nu + b_n \sin nu)$$

$$a_n = \frac{1}{\pi} \int_{-\pi}^{\pi} g(u)\cos nu\, du$$

ここで簡便のため，$\omega_0 = \dfrac{2\pi}{T}$ とおくと $u = \omega_0 t$ となる．

$u = \dfrac{2\pi}{T}t$ の変数変換を行う．

$$g\left(\frac{2\pi}{T}t\right) = f(t) = \frac{a_0}{2} + \sum_{n=1}^{\infty}(a_n \cos n\omega_0 t + b_n \sin n\omega_0 t)$$

$$a_n = \frac{1}{\pi}\int_{-\frac{T}{2}}^{\frac{T}{2}} g\left(\frac{2\pi}{T}t\right)\cos n\omega_0 t \frac{2\pi}{T}dt = \frac{2}{T}\int_{-\frac{T}{2}}^{\frac{T}{2}} f(t)\cos n\omega_0 t\, dt$$

他も同様に行う.

$$f(t) = \frac{a_0}{2} + \sum_{n=1}^{\infty}(a_n \cos n\omega_0 t + b_n \sin n\omega_0 t) \tag{3.28}$$

$$a_0 = \frac{2}{T}\int_{-\frac{T}{2}}^{\frac{T}{2}} f(t)dt \tag{3.29}$$

$$a_n = \frac{2}{T}\int_{-\frac{T}{2}}^{\frac{T}{2}} f(t)\cos n\omega_0 t\, dt \tag{3.30}$$

$$b_n = \frac{2}{T}\int_{-\frac{T}{2}}^{\frac{T}{2}} f(t)\sin n\omega_0 t\, dt \tag{3.31}$$

が得られる. これで任意の周期についても, フーリエ級数展開ができるようになった.

例題 3.4　三角フーリエ級数展開の例

$f(t) = |t|$, $[-1, 1]$ を三角フーリエ級数展開しなさい.

解答

$f(t)$ のグラフは以下のようになる.

$f(t) = |t|$

$\omega_0 = \dfrac{2\pi}{T}$ より $\omega_0 = \pi$

$a_0 = \displaystyle\int_{-1}^{1} |t| dt = 2\int_{0}^{1} |t| dt = 2\int_{0}^{1} t dt = 1$

$a_n = \displaystyle\int_{-1}^{1} |t| \cos n\pi\, t dt$

$|t| \cos n\pi\, t$ は偶関数なので

$a_n = 2\displaystyle\int_{0}^{1} |t| \cos n\pi\, t dt = 2\int_{0}^{1} t \cos n\pi\, t dt$

$\quad = 2\left[\dfrac{1}{n\pi} t \sin n\pi\, t\right]_{0}^{1} - 2\int_{0}^{1} \dfrac{1}{n\pi} \sin n\pi\, t dt$

$\sin n\pi = 0$ なので

$\quad = \dfrac{2}{n^2\pi^2}(\cos n\pi - 1) = \dfrac{2((-1)^n - 1)}{n^2\pi^2}$

$b_n = \displaystyle\int_{-1}^{1} |t| \sin n\pi\, t dt$

$|t| \sin n\pi\, t$ は奇関数なので

$b_n = 0$

したがって,

$f(t) = \dfrac{1}{2} + \displaystyle\sum_{n=1}^{\infty} \dfrac{2((-1)^n - 1)}{n^2\pi^2} \cos n\pi\, t$

$(-1)^n - 1$ は n が奇数のとき -2, n が偶数のとき 0 なので, $n = 2m-1$ と $n = 2m$ で場合分けすると,

$f(t) = \dfrac{1}{2} + \displaystyle\sum_{m=1}^{\infty} \dfrac{2(-2)}{(2m-1)^2\pi} \cos(2m-1)\pi t$

$\quad = \dfrac{1}{2} - \dfrac{4}{\pi^2} \displaystyle\sum_{m=1}^{\infty} \dfrac{1}{(2m-1)^2} \cos(2m-1)\pi t$

グラフを描くと以下のようになる.

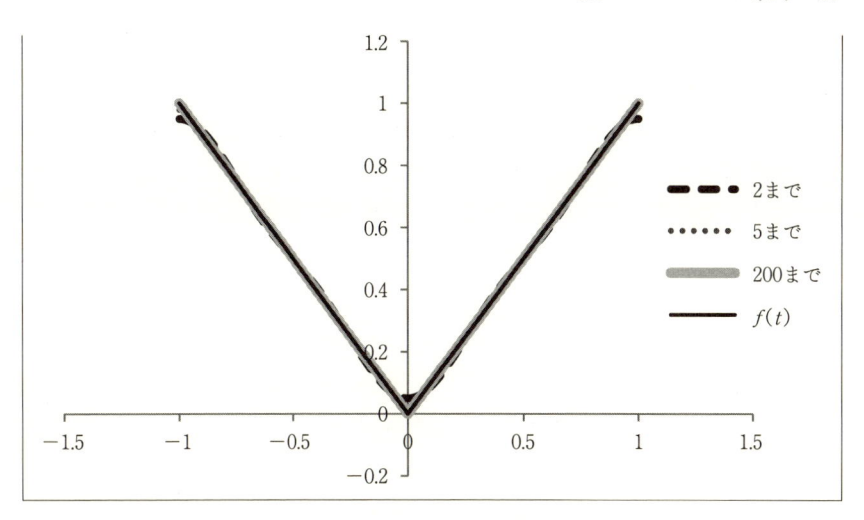

凡例:
- ▬ ▬ 2まで
- ‥‥‥ 5まで
- ▬▬ 200まで
- ── $f(t)$

3.9　パーセバルの等式

パーセバルの等式と呼ばれる以下の関係がある.

$$\int_{-\pi}^{\pi} f^2(t)\,dt = \frac{\pi a_0{}^2}{2} + \sum_{n=1}^{\infty} (\pi a_n{}^2 + \pi b_n{}^2) \tag{3.32}$$

これは, 元の関数 $f(t)$ の2乗が三角フーリエ級数展開の係数の2乗の和として表されるものである.

この式の導出を以下に示す.

$$f(t) = \frac{a_0}{2} + \sum_{n=1}^{\infty} (a_n \cos nt + b_n \sin nt) \tag{3.33}$$

の両辺に $f(t)$ をかけて

$$f^2(t) = \frac{a_0}{2} f(t) + \sum_{n=1}^{\infty} (a_n f(t) \cos nt + b_n f(t) \sin nt) \tag{3.34}$$

両辺を $-\pi$ から $+\pi$ で積分する

$$\int_{-\pi}^{\pi} f^2(t)\,dt$$

$$= \frac{a_0}{2} \int_{-\pi}^{\pi} f(t)\,dt + \sum_{n=1}^{\infty} \left(a_n \int_{-\pi}^{\pi} f(t) \cos nt\,dt + b_n \int_{-\pi}^{\pi} f(t) \sin nt\,dt \right)$$

$$= \frac{\pi a_0{}^2}{2} + \sum_{n=1}^{\infty} (\pi a_n{}^2 + \pi b_n{}^2) \tag{3.35}$$

　パーセバルの等式の意味を考えてみる．左辺は元の関数を2乗して積分している．すなわち関数自身の内積をとっていることに等しい．右辺はフーリエ級数展開の係数の2乗の和である．フーリエ級数展開は関数を直交する関数に分解することであることから直交する成分の2乗の和となる．ベクトルとの比較で考えると，ベクトルの長さの2乗が各成分の2乗の和で表されること（ピタゴラスの定理）と同じ意味になる．ただ，a_n, b_n といった係数が，正規化された係数の $1/\sqrt{\pi}$ となっているために π など定数倍の値がでている．これは，簡単のために正規化されていない関数を使っているためである．正規化した形でフーリエ級数展開の定義式を書き直してみる．

　$a_0' = \sqrt{\dfrac{\pi}{2}}\,a_0$, $a_n' = \sqrt{\pi}\,a_n$, $b_n' = \sqrt{\pi}\,b_n$ と置き直す．このときフーリエ級数展開の式は

$$f(t) = a_0\frac{1}{\sqrt{2\pi}} + \sum_{n=1}^{\infty}\left(a_n'\frac{\cos nt}{\sqrt{\pi}} + b_n'\frac{\sin nt}{\sqrt{\pi}}\right)$$

$$a_0' = \int_{-\pi}^{\pi} f(t)\frac{1}{\sqrt{2\pi}}dt$$

$$a_n' = \int_{-\pi}^{\pi} f(t)\frac{\cos nt}{\sqrt{\pi}}dt$$

$$b_n' = \int_{-\pi}^{\pi} f(t)\frac{\sin nt}{\sqrt{\pi}}dt$$

として表現できる．正規直交関数をかけて係数を求めており，正規直交関数の係数として表していることが理解できると思う．ただ，係数を求める部分と展開した式に $\sqrt{\pi}$ が入っており，煩雑になっているため，フーリエ級数展開する際は簡略化している．

　ここで，パーセバルの等式を書き直すと

$$\int_{-\pi}^{\pi} f^2(t) = a_0'^2 + \sum_{n=1}^{\infty}(a_n'^2 + b_n'^2)$$

となる．a_0', a_n', b_n' が正規化された係数である．ベクトルの長さの算出と同様であることが理解できる．

例題 3.5 パーセバルの等式の例

$f(t) = \begin{cases} 1 & (0 \leq t < \pi) \\ 0 & (-\pi \leq t \leq 0) \end{cases}$ を三角フーリエ級数展開し，パーセバルの等式を適用することで，

$$\sum_{m=1}^{\infty} \frac{1}{(2m-1)^2}$$

を求めなさい．

解答

$f(t)$ をフーリエ級数展開する．

$a_0 = \frac{1}{\pi} \int_{-\pi}^{\pi} f(t)dt = \frac{1}{\pi} \int_0^{\pi} dt = 1$

$a_m = \frac{1}{\pi} \int_{-\pi}^{\pi} f(t)\cos mt\,dt = \frac{1}{\pi} \int_0^{\pi} \cos mt\,dt = 0$

$b_m = \frac{1}{\pi} \int_{-\pi}^{\pi} f(t)\sin mt\,dt = \frac{1}{\pi} \int_0^{\pi} \sin mt\,dt = \frac{1-\cos m\pi}{\pi m} = \frac{1-(-1)^m}{\pi m}$

$b_m = \begin{cases} 0 & (m = 2n) \\ \dfrac{2}{\pi(2n+1)} & (m = 2n+1) \end{cases}$

また，

$$\int_{-\pi}^{\pi} f^2(t)dt = \int_0^{\pi} dt = \pi$$

となる．パーセバルの等式に代入して

$$\int_{-\pi}^{\pi} f^2(t)dt = \frac{\pi a_0{}^2}{2} + \sum_{n=1}^{\infty} (\pi a_n{}^2 + \pi b_n{}^2)$$

$$\pi = \frac{\pi}{2} + \sum_{n=1}^{\infty} \frac{4}{\pi(2n+1)^2}$$

$$\sum_{n=1}^{\infty} \frac{1}{(2n+1)^2} = \frac{\pi^2}{8}$$

3.10 三角フーリエ級数展開の確認

例題 3.2 をエクセルを使って実際に足しあわせて比較してみる．

（1）まず 1 行目 E 列から $\sum$ の n に相当する値を 1 つずつ入れていく．

（2）A 列の 2 行目から時間 t を入れる．1 周期の範囲で描画するので $-\pi$ から π の範囲とする．今回では 0.001 刻みに値を入れてある．

（3）　B列にそのときの $f(t)$ の値を入れる.

（4）　D列に $a_0/2$ の値，E列以後に $\sum$ の中身の値を入れていく.ここで t の値はA列目，n の値は1行目にあるのでこれら値を参照する.1箇所に記入して，絶対参照と相対参照を組み合わせておけば，全てコピー＆ペーストで対応可能である.

（5）　C列にはD列目以後の値の和を入れることで，どの n の値まで足したかを調整できる.

（6）　最後に，A列の値をX軸，C列の値をY軸として散布図を描けば，フーリエ級数展開したグラフが得られる.

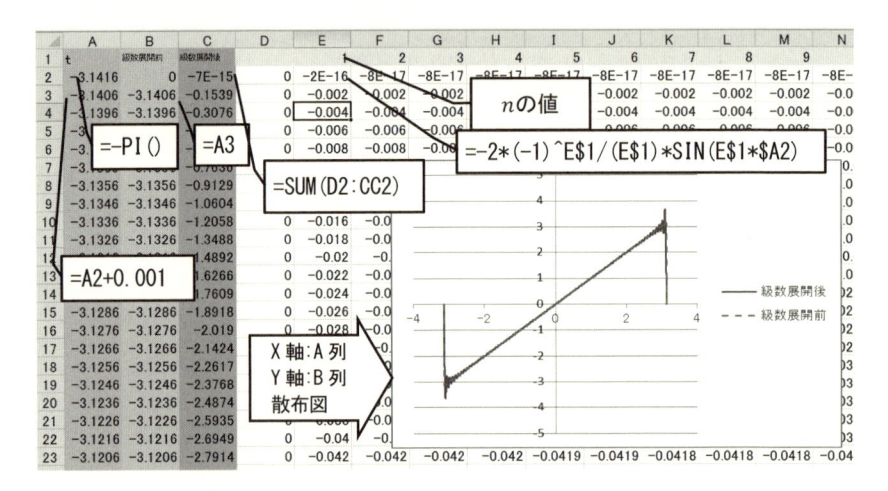

あるセルに入力した計算式を別のセルにコピーするとき，コピーした位置に応じて計算式内で参照しているセル番地も変化する形式を「相対参照」，変わらない形式「絶対参照」という.絶対参照で入力する場合には固定させたい行または列番号の前に $ をつける.詳細については，エクセルの解説書や各種ホームページを参照されたい.

3.11　数値データのフーリエ級数展開

数値データを用いて三角フーリエ級数展開をしてみよう.$f(t) = t^2$，$[-\pi, \pi]$ を例とする.この t^2 をいったん数値データにする.これに sin や

cos をかけて積分する．積分するとは面積を求めることであるため，区分求積を使えばよい．ある時間 t_m の次の時間との差分 $t_{m+1}-t_m$ とそのときの積分する値 $f(t_m)\cos nt_m$ などをかけて，積分する時間全体に渡って足す．

エクセル上では，A 列に時間 t を入れる．B 列にそのときの値 $f(t)$ を入力する．2 行目に n の値を 1 から順に入れておく．a_n の値を各セルで計算する．すなわち $f(t_m)*\cos(n*t_m)*(t_{m+1}-t_m)$ を入れることで，グラフの斜線の部分が求まる．$-\pi$ から π まで 1 周期分全体加えることで積分の値が求まる．エクセル上では 3 行目にその和を求めている．この値がすなわち a_n に相当し，棒グラフで表している．a_0, b_n についても同様に行う．

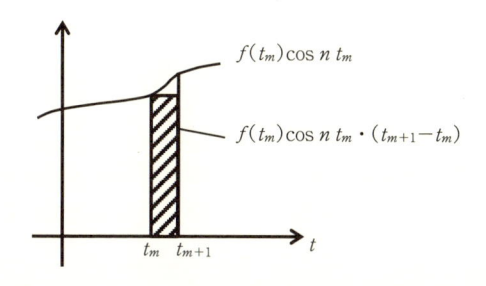

同じ関数を解析的に三角フーリエ級数展開する.

$$a_0 = \frac{2}{\pi} \int_0^\pi t^2 dt = \frac{2}{\pi} \left[\frac{t^3}{3} \right]_0^\pi = \frac{2\pi^2}{3}$$

$$a_n = \frac{1}{\pi} \int_{-\pi}^\pi t^2 \cos nt \, dt = \frac{1}{\pi} \left\{ \left[\frac{t^2 \sin nt}{n} \right]_{-\pi}^\pi - \frac{2}{n} \int_{-\pi}^\pi t \sin nt \, dt \right\}$$

$$= \frac{2}{n\pi} \left\{ \left[\frac{t \cos nt}{n} \right]_{-\pi}^\pi - \frac{1}{n} \int_{-\pi}^\pi \cos nt \, dt \right\}$$

$$= \frac{2}{n\pi} \left(\frac{\pi \cos n\pi}{n} - \frac{-\pi \cos(-n\pi)}{n} \right) = \frac{4 \cos n\pi}{n^2} = \frac{4(-1)^n}{n^2}$$

$f(t)$ は偶関数なので

$$b_n = 0$$

したがって,

$$f(t) = \frac{\pi^2}{3} + \sum_{n=1}^\infty \frac{4(-1)^n}{n^2} \cos nt$$

となる.これらの a_n の値を比較した結果が以下となる.厳密には一致しないが同様な値であることがわかる.

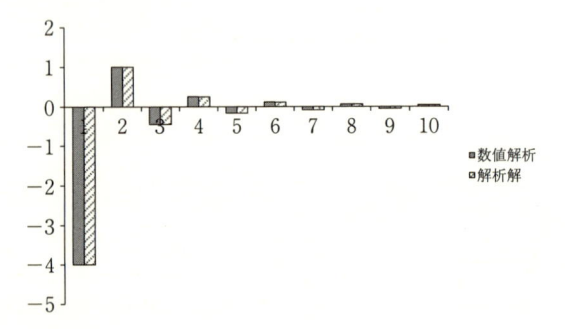

演習問題

(1) 以下の関数を三角フーリエ級数展開しなさい.

    (a) $\quad f(t) = \begin{cases} 0 & (-\pi < t < 0) \\ t & (0 \leq t \leq \pi) \end{cases}$

    (b) $\quad f(t) = \begin{cases} \pi + t & (-\pi < t < 0) \\ \pi - t & (0 \leq t \leq \pi) \end{cases}$

(c) $f(t) = \begin{cases} \sin t & (0 \le t \le \pi) \\ 0 & (-\pi < t < 0) \end{cases}$

(d) $f(t) = \begin{cases} e^t & (0 \le t \le 1) \\ -e^{-t} & (-1 < t < 0) \end{cases}$

(2) (1)(a)を3.10節同様に$n=20$まで足したものをプロットし，$f(t)$に近づくか確認しなさい．

(3) 例題3.2を3.11節と同様に数値データとして取り扱い，三角フーリエ級数展開しなさい．

第4章
複素フーリエ級数展開

4.1 複素フーリエ級数展開

複素フーリエ級数展開は以下の式で表される. 式の形は違うが, 三角フーリエ級数展開と同じことを行っている.

$$f(t) = \sum_{n=-\infty}^{\infty} c_n e^{int} \tag{4.1}$$

$$c_n = \frac{1}{2\pi} \int_{-\pi}^{\pi} f(t) e^{-int} dt \tag{4.2}$$

まず三角フーリエ級数展開を変形することで, 複素フーリエ級数展開を導いてみよう.

$$\cos\theta = \frac{e^{i\theta} + e^{-i\theta}}{2}$$

$$\sin\theta = \frac{e^{i\theta} - e^{-i\theta}}{2i}$$

を使って変形する.

$$
\begin{aligned}
f(t) &= \frac{a_0}{2} + \sum_{n=1}^{\infty} (a_n \cos nt + b_n \sin nt) \\
&= \frac{a_0}{2} + \sum_{n=1}^{\infty} \left(\frac{a_n}{2}(e^{int} + e^{-int}) + \frac{b_n}{2i}(e^{int} - e^{-int}) \right) \\
&= \frac{a_0}{2} + \sum_{n=1}^{\infty} \left(\frac{1}{2}(a_n - ib_n)e^{int} + \frac{1}{2}(a_n + ib_n)e^{-int} \right)
\end{aligned}
\tag{4.3}
$$

一方, 係数については, 以下のように変形できる.

$$
\begin{aligned}
a_n &= \frac{1}{\pi} \int_{-\pi}^{\pi} f(t) \frac{e^{int} + e^{-int}}{2} dt \\
&= \frac{1}{2\pi} \int_{-\pi}^{\pi} f(t) e^{int} dt + \frac{1}{2\pi} \int_{-\pi}^{\pi} f(t) e^{-int} dt
\end{aligned}
\tag{4.4}
$$

$$b_n = \frac{1}{\pi} \int_{-\pi}^{\pi} f(t) \frac{e^{int} - e^{-int}}{2i} dt \tag{4.5}$$

$$ib_n = \frac{1}{2\pi} \int_{-\pi}^{\pi} f(t) e^{int} dt - \frac{1}{2\pi} \int_{-\pi}^{\pi} f(t) e^{-int} dt \tag{4.6}$$

ここで，A_n と B_n を以下のようにおく.

$$\frac{a_n - ib_n}{2} = \frac{1}{2\pi} \int_{-\pi}^{\pi} f(t) e^{-int} dt = A_n \tag{4.7}$$

$$\frac{a_n + ib_n}{2} = \frac{1}{2\pi} \int_{-\pi}^{\pi} f(t) e^{int} dt = B_n \tag{4.8}$$

すると，以下のように簡単になる.

$$f(t) = \frac{a_0}{2} + \sum_{n=1}^{\infty} (A_n e^{int} + B_n e^{-int}) \tag{4.9}$$

$$A_n = \frac{1}{2\pi} \int_{-\pi}^{\pi} f(t) e^{-int} dt \tag{4.10}$$

$$B_n = \frac{1}{2\pi} \int_{-\pi}^{\pi} f(t) e^{int} dt \tag{4.11}$$

ここまでは $n = 1, 2, 3, \cdots$ としている．ところで，$n = 0$ のとき A_n は

$$A_0 = \frac{1}{2\pi} \int_{-\pi}^{\pi} f(t) e^{-int} dt = \frac{1}{2\pi} \int_{-\pi}^{\pi} f(t) dt \tag{4.12}$$

となる．$a_0 = \frac{1}{\pi} \int_{-\pi}^{\pi} f(t) dt$ であることから (4.12) 式と比較して $\frac{a_0}{2} = A_0$ となり，式 (4.9) の a_0 は A_n を使って表現できる.

ここで，B_n に関して n の $1 \to \infty$ を $-n$ として $-1 \to -\infty$ に置き換えると

$$B_n = \frac{1}{2\pi} \int_{-\pi}^{\pi} f(t) e^{-int} dt = A_n \tag{4.13}$$

$$f(t) = A_0 + \sum_{n=1}^{\infty} A_n e^{int} + \sum_{n=-\infty}^{-1} B_n e^{int} \tag{4.14}$$

A_n と B_n をまとめて

$$A_n = B_n = c_n \tag{4.15}$$

と置き直し，シグマの加算する範囲をまとめると，

$$f(t) = \sum_{n=-\infty}^{\infty} c_n e^{int} \tag{4.1}$$

$$c_n = \frac{1}{2\pi} \int_{-\pi}^{\pi} f(t) e^{-int} dt \tag{4.2}$$

となり，最初に説明した複素フーリエ級数展開の式が導出できた．三角フーリエ級数展開と異なり，係数を求める式が1つにまとまっている．三角フーリエ級数展開の場合では，cos の係数 a_n を求めるときは cos を，sin の係数 b_n を求めるときは sin を掛けていたのに対して，複素フーリエ級数展開の場合では，係数 c_n を求めるときは e^{-int} を元の関数に掛けて計算し，元の式に戻すときには指数部分の符号が変わって e^{int} を掛けている．

式 (4.1) より，定数 c_n に e^{int} を掛けていることから，$f(t)$ は複素関数の和として表される．そこで，$f(t)$ が実関数のときに複素フーリエ級数展開した関数が実関数となることを確認しておく．

まず，$e^{-int}=e^{int*}$ であることを示す．$e^{-int}=\cos nt+i\sin(-nt)=\cos nt-i\sin nt=e^{int*}$ となる．

複素平面上で考えると e^{-int} は単位円上で実数軸のなす角が $-nt$，e^{int} は同じく単位円上で実数軸となす角が nt であり，実数軸に関して対称となる．複素共役をとることで実数軸に関して対称となるから，実数軸のなす角が $-nt$ となり一致する．

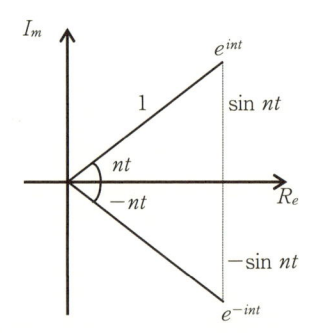

図 4.1 $e^{-int}=e^{int}$ の関係

$f(t)$ は実関数であるので
$$f(t)e^{-int} = (f(t)e^{int})^* \tag{4.16}$$

$$\frac{1}{2\pi}\int_{-\pi}^{\pi}f(t)e^{-int}dt = \left(\frac{1}{2\pi}\int_{-\pi}^{\pi}f(t)e^{int}dt\right)^* \tag{4.17}$$

したがって $c_n=c_{-n}^*$ となる．

また，

$$c_0 = \frac{1}{2\pi} \int_{-\pi}^{\pi} f(t)dt \tag{4.18}$$

により c_0 は実数となる．

ここで複素数である c_n を実数と虚数に分けて考え

$$c_n = p_n + iq_n$$

とおく． $c_n = c_{-n}{}^*$ より

$$c_{-n} = p_n - iq_n$$

となる．

$$
\begin{aligned}
f(t) &= \sum_{n=-\infty}^{\infty} c_n e^{int} = c_0 + \sum_{n=1}^{\infty} \{c_n e^{int} + c_{-n} e^{-int}\} \\
&= c_0 + \sum_{n=1}^{\infty} \{p_n(e^{int} + e^{-int}) + iq_n(e^{int} - e^{-int})\} \\
&= c_0 + \sum_{n=1}^{\infty} \left\{ p_n \frac{\cos nt}{2} - q_n \frac{\sin nt}{2} \right\}
\end{aligned}
\tag{4.19}
$$

全ての項が実数であるので，$f(t)$ は実数となる．

これらの計算から，定数に e^{int} を掛けていることで複素数になるように見えるが，n の値が正負の場合を加えることで虚数部は相殺され 0 となり，実数になることが確認できた．

4.2 複素フーリエ級数展開の性質

ここで，三角フーリエ級数展開と複素フーリエ級数展開とを比較してみよう．三角フーリエ級数展開では，$\cos$ と $\sin$ を元の関数 $f(t)$ に掛けて積分していた．$f(t)\cos nt$ を横軸，$f(t)\sin nt$ を縦軸としてプロットすると，原点からの距離が $f(t)$，横軸との角度が nt となるように移動していく（図 4.2）．

複素フーリエ級数展開を考えてみよう．複素平面上に $f(t)e^{-int}$ をプロットする．e^{-int} は原点からの距離が 1 で実軸とのなす角が $-nt$ となる．つまり t が増えるに従って単位円上を時計回りに移動していく．これに実数の $f(t)$ を掛けているため，原点からの距離が $f(t)$，実軸とのなす角が $-nt$ となるように移動していく．三角フーリエ級数展開と複素フーリエ級数展開では回転方向が違うことから，上下対称にはなっているが同様に移動していく

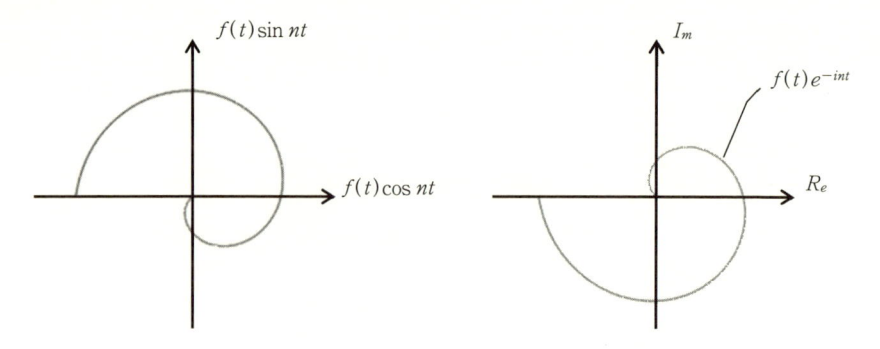

図4.2   三角フーリエ級数展開と複素フーリエ級数展開

ことになる.

　さらにこのグラフを3次元化し，t を軸に加える．すなわち

三角フーリエ級数展開：$t, f(t)\cos nt, f(t)\sin nt$ を3次元グラフにプロット,

複素フーリエ級数展開：$t, \mathrm{Re}\,[f(t)e^{-int}], \mathrm{Im}[f(t)e^{-int}]$ を3次元グラフに

プロットしてみる.

　それぞれ図4.3，図4.4にしめす．らせん状に移動してくことが理解できる.

　フーリエ級数展開は t で積分していることから，図4.3で t 軸と cos の軸を含む平面（sin の軸から見た平面）で t 軸方向に積分した値が，三角フーリエ級数の cos の係数 a_n となる．また，図4.4で t 軸と実数軸からなす平面（虚数軸方向から見た平面）で t 軸方向に積分した値が，複素フーリエ級数の係数 c_n の実数成分となる.

　同様に，図4.3で t 軸と sin の軸を含む平面（cos の軸から見た平面）で t 軸方向に積分した値が，三角フーリエ級数の sin の係数 b_n となる．また，図4.4で t 軸と虚数軸からなす平面（実数軸方向から見た平面）で t 軸方向に積分した値が，複素フーリエ級数の係数 c_n の虚数成分となる.

　このように，グラフにプロットして比較すると，三角フーリエ級数展開と複素フーリエ級数展開については，表現が異なっているだけで，全く同様なことを行っていることは容易に理解できる.

　このことから

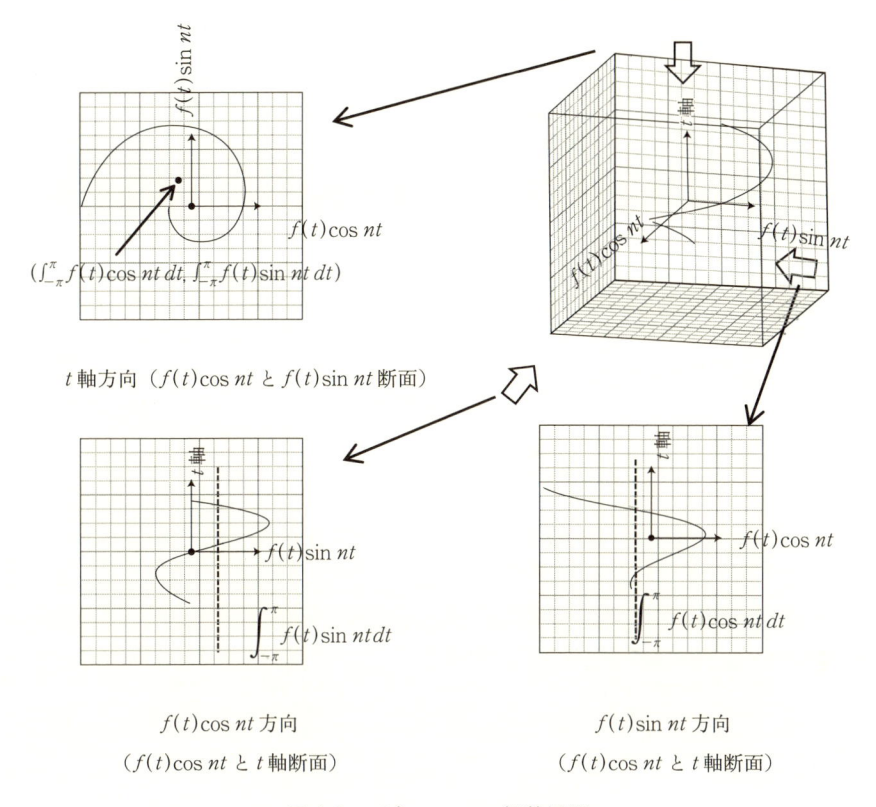

図 4.3 三角フーリエ級数展開

$$c_n = |c_n|e^{i\varphi_n} \tag{4.20}$$

と表したときに

$$|c_n| = \frac{1}{2}\sqrt{a_n{}^2 + b_n{}^2} \tag{4.21}$$

$$\tan \varphi_n = -\frac{b_n}{a_n} \tag{4.22}$$

となることはグラフより明らかである．式 (4.21) の係数に 1/2 がつくことは，元々係数を求める際に

$$a_n = \frac{1}{\pi}\int_{-\pi}^{\pi} f(t)\cos n\,t\,dt$$

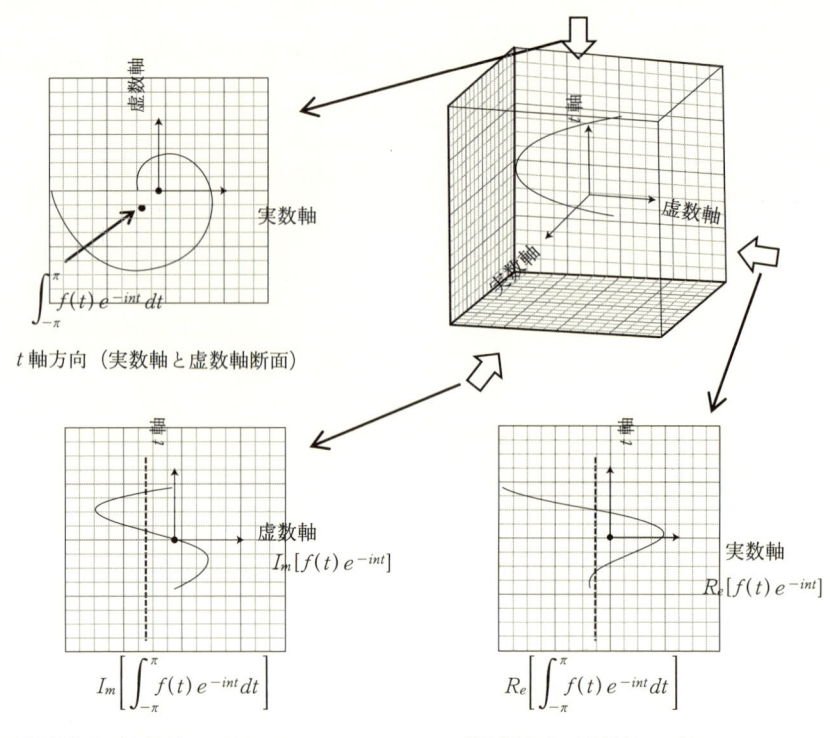

図 4.4　複素フーリエ級数展開

$$b_n = \frac{1}{\pi} \int_{-\pi}^{\pi} f(t) \sin nt \, dt$$

$$c_n = \frac{1}{2\pi} \int_{-\pi}^{\pi} f(t) e^{-int} dt$$

と a_n, b_n の係数が $1/\pi$ なのに対して，c_n については $1/2\pi$ であるためである．式（4.22）の符号が逆転しているのは，回転方向が逆になっているため，対称性から c_n の虚数成分と b_n の値の符号が反転するためである．

　引き続き，級数和について説明する．三角フーリエ級数展開で角速度が n のときの成分は

$$a_n \cos nt + b_n \sin nt = \sqrt{a_n^2 + b_n^2} \cos(nt - \alpha_n) \tag{4.23}$$

ただし，

$$\tan \alpha_n = \frac{b_n}{a_n} \tag{4.24}$$

である．

したがって，式（4.23）については，半径 $\sqrt{a_n{}^2 + b_n{}^2}$ の円周上を角度 $-\alpha_n$ の点から角速度 nt で反時計方向に回転する点の横軸方向の成分として考えることができる．

一方，複素フーリエ級数展開において，n のときの成分は

$$c_n e^{int} = |c_n| e^{i\varphi_n} e^{int}$$

である．

これは，複素平面上で考えると，半径 $|c_n|$ の円周上を角度 φ_n の点から角速度 nt で反時計方向に回転する点となる．このままでは，虚数成分が存在してしまうので，$-n$ のときの成分についても合わせて考える．$c_n = c_{-n}{}^*$ であることに留意すると，

$$c_{-n} e^{-int} = |c_n| e^{-i\varphi_n}$$

$-n$ のときの成分は

$$c_{-n} e^{-int} = |c_n| e^{-i\varphi_n} e^{-int} \tag{4.25}$$

となる．これは，複素平面上においては半径 $|c_n|$ の円周上を角度 $-\varphi_n$ の点から角速度 nt で時計方向に回転する点となる．

これらを比較して図示すると図 4.5 のようになる．

三角フーリエ級数展開

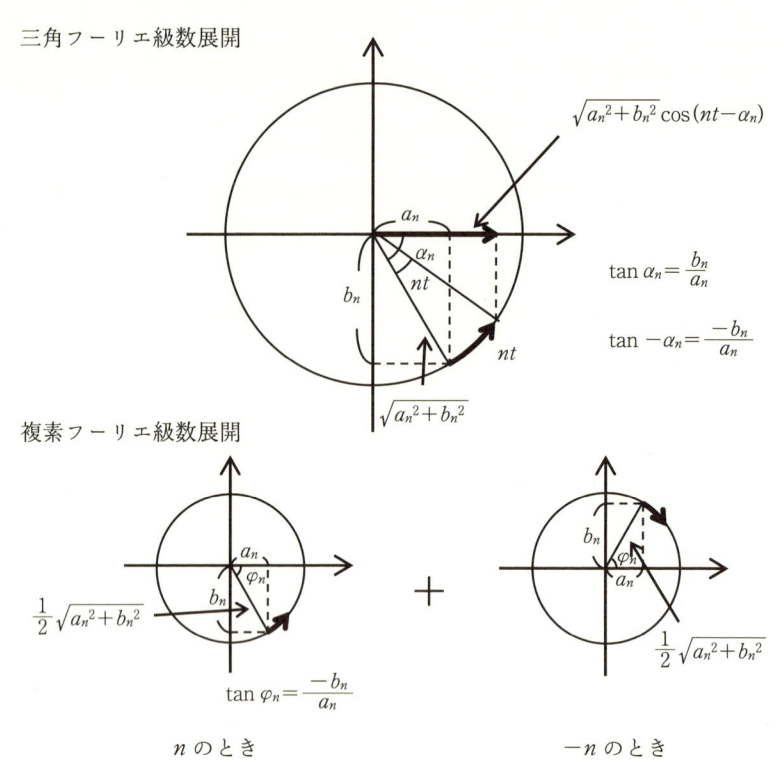

複素フーリエ級数展開

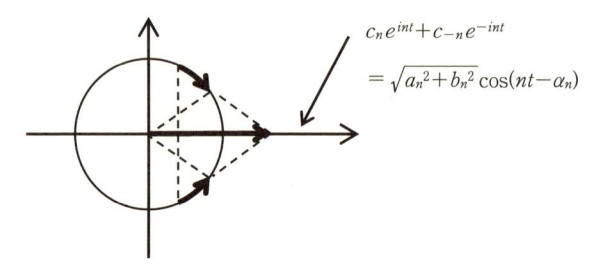

n のとき　　　　　　　　　　　　　　$-n$ のとき

n のときと $-n$ のときを足す

虚数軸について対象なので虚数成分は相殺される

図 4.5　三角フーリエ級数展開と複素フーリエ級数展開の比較

4.3 関数の直交

複素フーリエ級数展開についても，三角フーリエ級数展開と同様に直交する関数列への分解である．関数の内積は

$$\int f_a(t) f_b{}^*(t) dt \tag{4.26}$$

であることから，複素フーリエ変換で用いる e^{-int} についての内積は複素共役をとることに留意して

$$\int_{-\pi}^{\pi} e^{imt} e^{-int} dt \tag{4.27}$$

となる．念のため，内積を計算してみる．

$m \neq n$ のとき

$$\begin{aligned}\int_{-\pi}^{\pi} e^{imt} e^{-int} dt &= \int_{-\pi}^{\pi} e^{i(m-n)t} dt = \left[\frac{e^{i(m-n)t}}{i(m-n)}\right]_{-\pi}^{\pi} \\ &= \frac{e^{i(m-n)\pi} - e^{i(m-n)\pi}}{i(m-n)} = 0\end{aligned} \tag{4.28}$$

$m = n$ のとき

$$\int_{-\pi}^{\pi} e^{imt} e^{-int} dt = \int_{-\pi}^{\pi} dt = 2\pi \tag{4.29}$$

となる．そのため，正規直交関数列としては，

$$\left\{ \cdots, \frac{1}{\sqrt{2\pi}} e^{-2it}, \frac{1}{\sqrt{2\pi}} e^{-it}, \frac{1}{\sqrt{2\pi}}, \frac{1}{\sqrt{2\pi}} e^{it}, \frac{1}{\sqrt{2\pi}} e^{2it}, \cdots \right\}$$

となる．三角関数フーリエ級数展開と同様に直交する関数列に分解している．

例題 4.1　複素フーリエ級数展開の例

$$f(t) = \begin{cases} 0 & \left(-\pi < t < \frac{\pi}{2}, \frac{\pi}{2} < t \leq \pi\right) \\ 1 & \left(-\frac{\pi}{2} \leq t \leq \frac{\pi}{2}\right) \end{cases}$$ を複素フーリエ級数展開しなさい．さらに

例題 3.1 と式（4.21）および式（4.22）を使って比較し，あっているか確認しなさい．

$f(t)$ のグラフは以下のようになる.

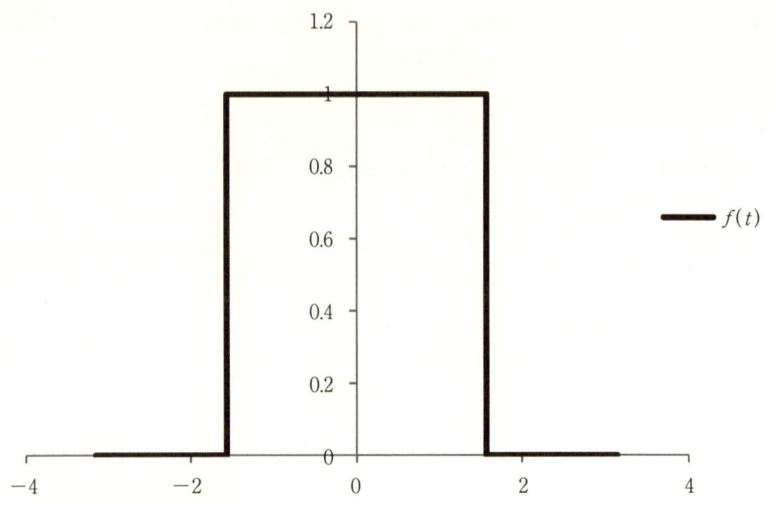

公式に当てはめて，順次計算する.

$n=0$ のとき

$$c_0 = \frac{1}{2\pi}\int_{-\pi/2}^{\pi/2} f(t)dt = \frac{1}{2\pi}\int_{\pi/2}^{\pi/2} 1\,dt = \frac{1}{2}$$

$n \neq 0$ のとき

$$c_n = \frac{1}{2\pi}\int_{-\frac{\pi}{2}}^{\frac{\pi}{2}} e^{-int}dt = \frac{1}{-2\pi in}[e^{-int}]_{\frac{\pi}{2}}^{\frac{\pi}{2}}$$

$$= \frac{i}{2\pi n}\left(e^{-\frac{i\pi}{2}n} - e^{\frac{i\pi}{2}n}\right)$$

$$= \frac{i}{2\pi n}\{(-i)^n - (i)^n\}$$

$$f(t) = \frac{1}{2} + \sum_{\substack{n=-\infty \\ n\neq 0}}^{\infty} \frac{i}{2\pi n}\{(-i)^n - (i)^n\}e^{int}$$

$n=2m-1$ のとき

$$(-i)^n - (i)^n = -(i)^{2m-1} - (i)^{2m-1} = -2(i)^{2m-1} = 2i(i)^{2m} = 2i(-1)^m$$

$n=2m$ のとき

$$(-i)^n - (i)^n = (i)^{2m} - (i)^{2m} = 0$$

したがって

$$f(t) = \frac{1}{2} + \sum_{m=-\infty}^{\infty} \frac{i}{2\pi(2m-1)} \{2i(-1)^m\} e^{i(2m-1)t}$$

$$= \frac{1}{2} - \frac{1}{\pi} \sum_{m=-\infty}^{\infty} \frac{(-1)^m}{(2m-1)} e^{i(2m-1)t}$$

式 (4.21) を確認する.

例題 3.1 より

$a_0 = 1$

$a_n = \dfrac{2}{n\pi} \sin \dfrac{n\pi}{2}$

$b_n = 0$

$$\frac{1}{2}\sqrt{a_n{}^2 + b_n{}^2} = \frac{1}{2}\sqrt{\left(\frac{2}{n\pi}\sin\frac{n\pi}{2}\right)^2 + 0} = \frac{1}{n\pi}\sqrt{\frac{1-\cos n\pi}{2}} = \frac{\sqrt{1-(-1)^n}}{\sqrt{2}\,n\pi}$$

$c_n{}^*$ を求める.

ここで $(-i)^n - (i)^n$ は虚数か 0 となる.

したがって $c_n = \dfrac{i}{2n\pi}\{(-i)^n - (i)^n\}$ は実数となり，$c_n{}^* = c_n$.

$$|c_n| = \sqrt{c_n c_n{}^*} = \sqrt{\frac{i\{(-i)^n-(i)^n\}(-i)\{(-i)^n-(i)^n\}}{(2n\pi)^2}}$$

$$= \frac{\sqrt{-(-i)^{2n}-(i)^{2n}+2(-i)^n(i)^n}}{2n\pi}$$

$$= \frac{\sqrt{-(-1)^n-(-1)^n+2}}{2n\pi} = \frac{\sqrt{1-(-1)^n}}{\sqrt{2}\,n\pi}$$

したがって,

$$\frac{1}{2}\sqrt{a_n{}^2+b_n{}^2} = |c_n|$$

c_n は $n=2m$ のとき 0, $n=2m-1$ のとき $\dfrac{(-1)^m}{2\pi(2m-1)}$ となるため, 常に実数となる.

c_n は $n=1,2,3,4,\cdots$ と増えるにしたがって, 正, 0, 負, 0, 正, $\cdots$ の値をとる. したがって, φ_n は 0, 不定, π, 不定, 0, $\cdots$ となる.

一方, $\dfrac{b_n}{a_n}$ は n が偶数のとき $a_n=0$ となるため求まらない. n が奇数のときは $b_n=0$ であるため 0 である.

したがって, $\tan\varphi_n=-\dfrac{b_n}{a_n}$ は成り立つ.

複素フーリエ級数展開では $e^{in\pi}, e^{-in\pi}$ といった表現が出てくる. 複素平面上では単位円を $180°$ ずつ回転することになるため, 以下のように簡単に表せる.

$$e^{in\pi} = e^{-in\pi} = (-1)^n \tag{4.30}$$

例題 4.2　複素フーリエ級数展開の例

$f(t)=t, [-\pi,\pi]$ を複素フーリエ級数展開しなさい. さらに例題 3.2 と式 (4.21) と (4.22) を使って比較し, あっているか確認しなさい.

解答

$f(t)$ のグラフは以下のようになる.

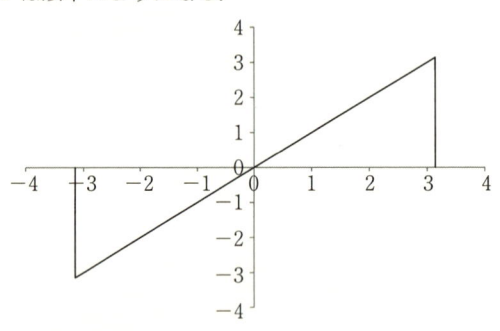

公式に当てはめて, 順次計算する.

$n \neq 0$ のとき

$$c_n = \frac{1}{2\pi}\int_{-\pi}^{\pi} t e^{-int}dt = \frac{1}{2\pi}\left\{\left[t\frac{e^{-int}}{-in}\right]_{-\pi}^{\pi} - \int_{-\pi}^{\pi}\frac{e^{-int}}{-in}dt\right\}$$

$$= \frac{1}{2\pi}\left[\frac{\pi e^{-in\pi} + \pi e^{in\pi}}{-in}\right] = \frac{(-1)^n}{-in} = \frac{i(-1)^n}{n} = \frac{(-1)^n}{n}e^{i\frac{\pi}{2}}$$

$n = 0$ のとき

$$c_0 = \frac{1}{2\pi}\int_{-\pi}^{\pi} t\,dt = 0$$

したがって

$$f(t) = \sum_{\substack{n=-\infty \\ n\neq 0}}^{\infty} \frac{(-1)^n}{n}e^{i(\frac{\pi}{2}+nt)}$$

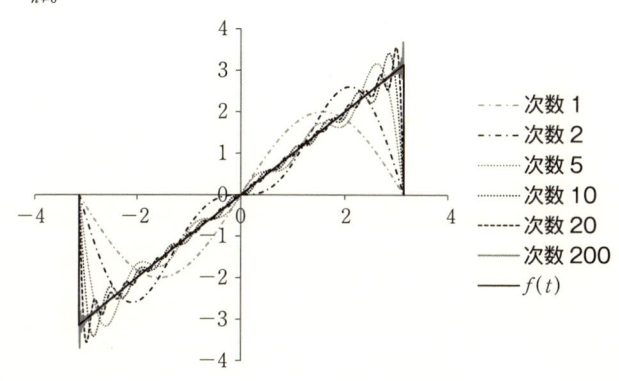

例題 3.2 より

$$a_n = 0, a_0 = 0, b_n = \frac{-2}{n}(-1)^n$$

$n \neq 0$ のとき

$$\frac{1}{2}\sqrt{a_n{}^2 + b_n{}^2} = \frac{1}{2}\sqrt{\frac{2^2}{n^2}} = \frac{1}{|n|}$$

$$|c_n| = \sqrt{c_n \cdot c_n{}^*} = \sqrt{\frac{(-1)^n}{n}\cdot e^{i\frac{\pi}{2}}\cdot\frac{(-1)^n}{n}\cdot e^{-i\frac{-\pi}{2}}} = \frac{1}{|n|}$$

したがって

$$\frac{1}{2}\sqrt{a_n{}^2 + b_n{}^2} = |c_n|$$

$a_n = 0, b_n$ の符号が $n = 1, 2, 3, 4, \cdots$ となるのにしたがって $-, +, -, +$ と反転するため,

$$\varphi_n = -\frac{\pi}{2}, +\frac{\pi}{2}, -\frac{\pi}{2}, +\frac{\pi}{2}, \cdots$$

$$c_n = \frac{(-1)^n}{n} e^{i\frac{\pi}{2}} \text{ より}$$

$$\varphi_n = -\frac{\pi}{2}, +\frac{\pi}{2}, -\frac{\pi}{2}, +\frac{\pi}{2}, \cdots$$

となる.

$n=0$ のとき $c_0=0$, $a_0=0$ で等しい.

4.4 任意の周期の場合

ここまで周期 2π, 区間 $[-\pi, \pi]$ の範囲の範囲で計算してきたが, 周期 T, 区間 $[-T/2, T/2]$ の場合へ一般化する. 三角フーリエ級数展開と同様に $u = \frac{T}{2\pi}t$ と変数変換し, 計算する. 同様に $\omega_0 = \frac{2\pi}{T}$ とおくと $t=\omega_0 u$ として計算する.

$$f(t) = \sum_{n=-\infty}^{\infty} c_n e^{in\omega_0 t} \tag{4.31}$$

$$c_n = \frac{1}{T} \int_{-T/2}^{T/2} f(t) e^{-in\omega_0 t} dt \tag{4.32}$$

例題 4.3 複素フーリエ級数展開の例

$f(t)=|t|, [-1, 1]$ を複素フーリエ級数展開しなさい.

解答

$f(t)$ のグラフは以下のようになる.

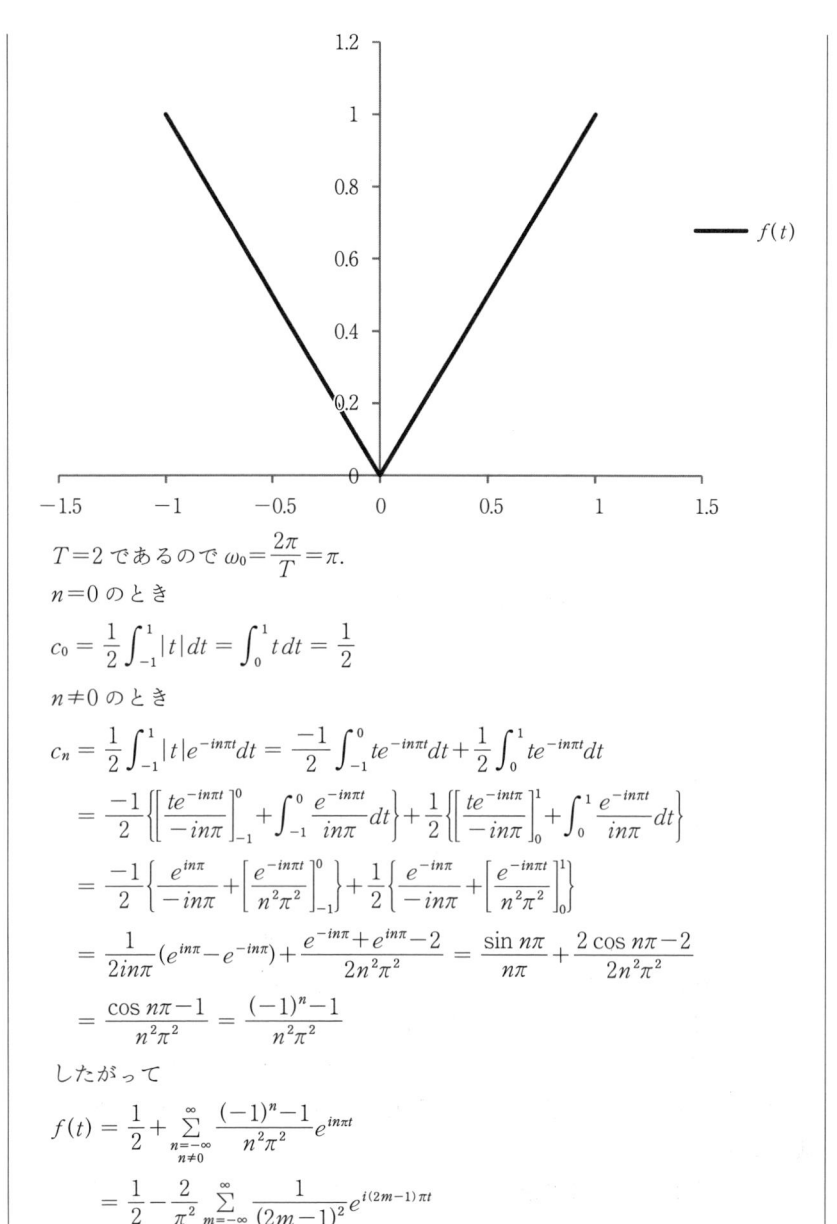

$T = 2$ であるので $\omega_0 = \dfrac{2\pi}{T} = \pi.$

$n = 0$ のとき

$$c_0 = \frac{1}{2}\int_{-1}^{1}|t|\,dt = \int_{0}^{1}t\,dt = \frac{1}{2}$$

$n \neq 0$ のとき

$$c_n = \frac{1}{2}\int_{-1}^{1}|t|e^{-in\pi t}dt = \frac{-1}{2}\int_{-1}^{0}te^{-in\pi t}dt + \frac{1}{2}\int_{0}^{1}te^{-in\pi t}dt$$

$$= \frac{-1}{2}\left\{\left[\frac{te^{-in\pi t}}{-in\pi}\right]_{-1}^{0} + \int_{-1}^{0}\frac{e^{-in\pi t}}{in\pi}dt\right\} + \frac{1}{2}\left\{\left[\frac{te^{-in\pi t}}{-in\pi}\right]_{0}^{1} + \int_{0}^{1}\frac{e^{-in\pi t}}{in\pi}dt\right\}$$

$$= \frac{-1}{2}\left\{\frac{e^{in\pi}}{-in\pi} + \left[\frac{e^{-in\pi t}}{n^2\pi^2}\right]_{-1}^{0}\right\} + \frac{1}{2}\left\{\frac{e^{-in\pi}}{-in\pi} + \left[\frac{e^{-in\pi t}}{n^2\pi^2}\right]_{0}^{1}\right\}$$

$$= \frac{1}{2in\pi}(e^{in\pi} - e^{-in\pi}) + \frac{e^{-in\pi} + e^{in\pi} - 2}{2n^2\pi^2} = \frac{\sin n\pi}{n\pi} + \frac{2\cos n\pi - 2}{2n^2\pi^2}$$

$$= \frac{\cos n\pi - 1}{n^2\pi^2} = \frac{(-1)^n - 1}{n^2\pi^2}$$

したがって

$$f(t) = \frac{1}{2} + \sum_{\substack{n=-\infty \\ n\neq 0}}^{\infty}\frac{(-1)^n - 1}{n^2\pi^2}e^{in\pi t}$$

$$= \frac{1}{2} - \frac{2}{\pi^2}\sum_{m=-\infty}^{\infty}\frac{1}{(2m-1)^2}e^{i(2m-1)\pi t}$$

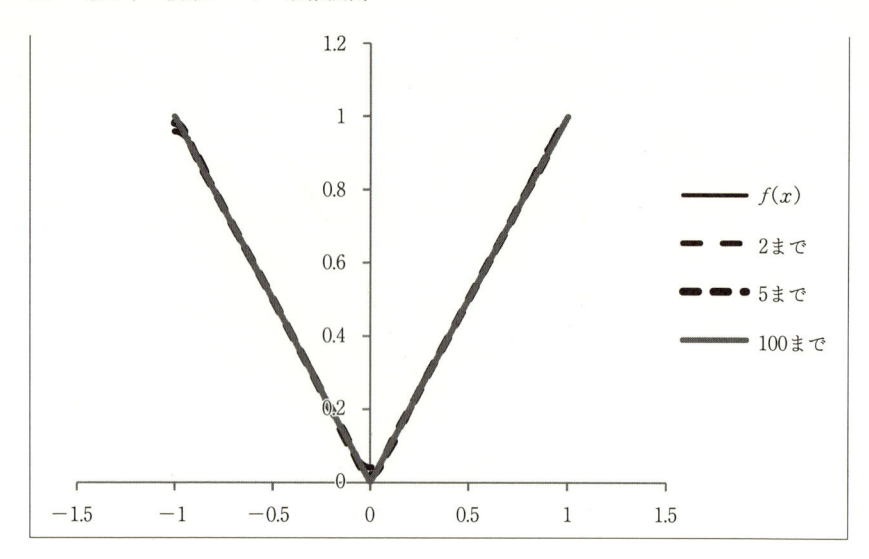

4.5 複素フーリエ級数展開の確認

例題 4.2 をエクセルを使って実際にたしあわせて比較してみよう．三角フーリエ級数展開と同様である．

（1）　まず1行目 D 列から $\sum$ の n に相当する値を1つずつ入れていく．今回では -100 から $+100$ の範囲で足し合わせる．

（2）　A 列の2行目から時間 t を入れる．1周期の範囲なので $-\pi$ から π で今回では 0.001 刻みに値を入れる．

（3）　B 列にそのときの $f(t)$ の値を入れる．

（4）　1行目には n が -100 から始まるとしての値，D1 に -100，E 列以後に1ずつ増していく．D 行の下にはそのときの値を算出するように入れていく．ここで，エクセル上では複素数をそのまま取り扱える．ただし，複素数として取り扱うためには，COMPLEX 関数，加算，乗算には IMSUM 関数，IMPRODUCT 関数，指数乗には IMEXP といった関数を使う必要がある（表を参照）．

（5）　C 列には D 列目以後の値の和を入れる．ここで，D 列目以後，n が正負同じ範囲で加算すれば虚数成分はゼロになるはずだが，実際には計算上

の誤差などでわずかに虚数成分が残ることがある．虚数成分が残るとグラフ
を描画できないため，加算した後に IMREAL 関数を使って実数成分のみを
取り出す．

（6）　最後に，A 列の値を X 軸，C 列の値を Y 軸として散布図を描けば，
フーリエ級数展開したグラフが得られる．

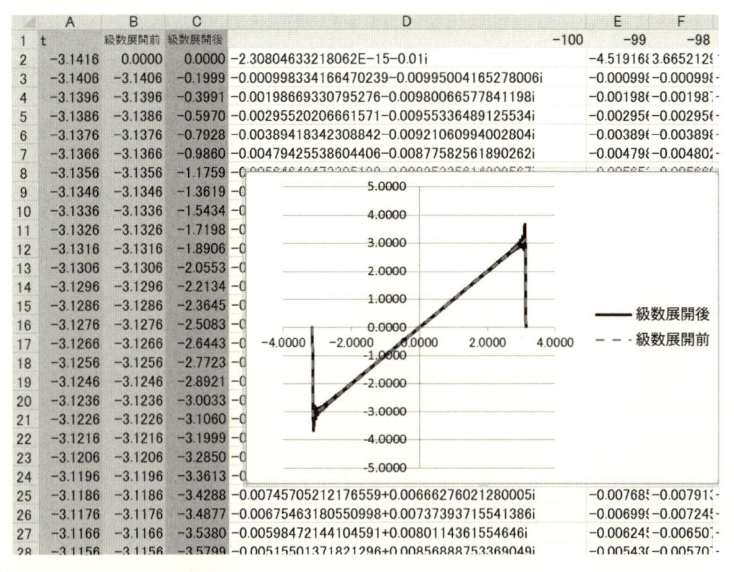

複素数を扱う Excel 関数

COMPLEX（実数, 虚数, [虚数単位]）	実数係数および虚数係数を"$x+yi$"または"$x+yj$"の形式数に変換する．
IMSUM（複素数 1, [複素数 2], ...）	文字列"$x+yi$"または"$x+yj$"の形式で指定された 2 つ以上の複素数の和を返す
IMPRODUCT（複素数 1, [複素数 2], ...）	指定された 1〜255 個の複素数の積を返す
IMEXP（複素数）	指定された複素数のべき乗を返す
IMREAL（複素数）	指定された複素数の実数係数を返す

4.6 数値データのフーリエ級数展開

数値データを用いて複素フーリエ級数展開をしてみよう．三角フーリエ級数展開のときと同様に $f(t)=t^2$, $[-\pi,\pi]$ を例とする．この t^2 を一度数値データにする．これに e^{-int} をかけて積分する．

今回の計算では実数が算出されるはずだが，誤差などでわずかに虚数成分が残ることがある．虚数成分が残るとグラフを描画できないため，加算した後に IMREAL 関数を使って実数成分のみを取り出す．

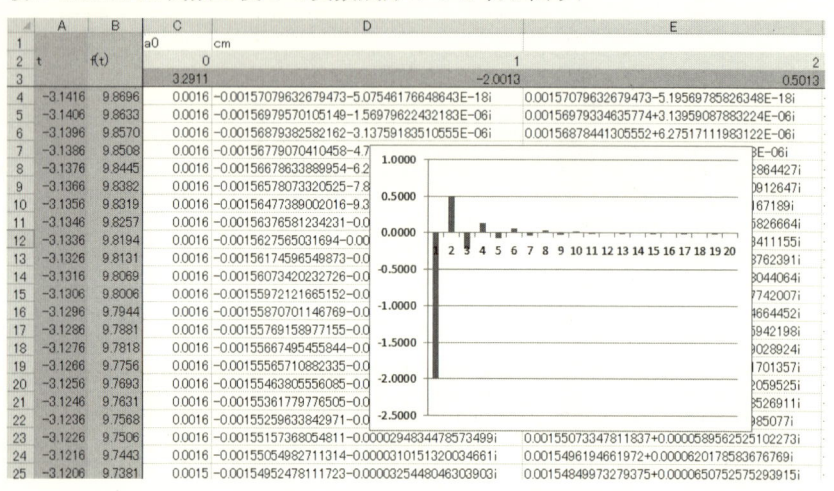

さらに，$|c_n|=\dfrac{1}{2}\sqrt{a_n{}^2+b_n{}^2}$ の左辺と右辺をそれぞれプロットした結果が以下である．

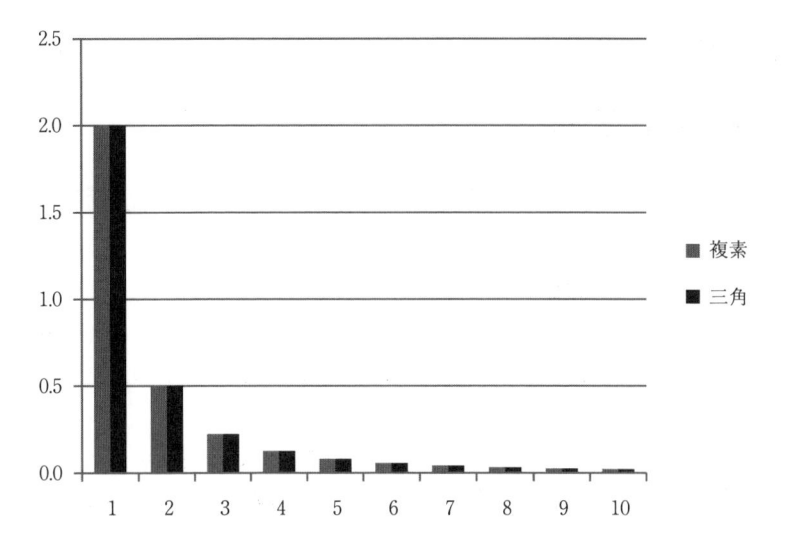

演習問題

(1)　以下の関数を複素フーリエ級数展開しなさい.

(a)　$f(t) = \begin{cases} 0 & (-\pi < t < 0) \\ 1 & (0 \leq t \leq \pi) \end{cases}$

(b)　$f(t) = \begin{cases} \pi + t & (-\pi < t \leq 0) \\ \pi - t & (0 \leq t \leq \pi) \end{cases}$

(c)　$f(t) = \begin{cases} \sin t & (0 \leq t \leq \pi) \\ 0 & (-\pi < t < 0) \end{cases}$

(d)　$f(t) = e^{-t} \; (-\pi < t \leq \pi)$

(e)　$f(t) = te^{-at} \; (-1 < t \leq 1) \quad (ただし\, a \neq 0)$

(2)　(1)(d) を 4.5 節と同様にたしあわせて, 元の関数と一致するか確認しなさい.

(3)　(1)(d) を数値データとして複素フーリエ級数展開をしなさい. 得られた係数の実数成分が (2) と整合しているか確認しなさい.

第5章

フーリエ変換

5.1 フーリエ変換

三角フーリエ級数展開，複素フーリエ級数展開，いずれも周期関数を対象としてきた．ここで，非周期関数も取り扱えるようにしたものがフーリエ変換である．

複素フーリエ級数展開を基にして，周期が無いことを周期が無限大になっていると考えることにより導出する．周期 T の複素フーリエ級数展開は

$$c_n = \frac{1}{T} \int_{-T/2}^{T/2} f(t) e^{-in\omega_0 t} dt \tag{4.32}$$

$$f(t) = \sum_{n=-\infty}^{\infty} c_n e^{in\omega_0 t} \tag{4.31}$$

である．$\dfrac{2\pi}{T} = \omega_0$ を使ってまとめると

$$f(t) = \sum_{n=-\infty}^{\infty} \frac{1}{T} \int_{-T/2}^{T/2} f(t) e^{-in\frac{2\pi}{T}t} dt \cdot e^{in\frac{2\pi}{T}t} \tag{5.1}$$

となる．さらに

$$\frac{n2\pi}{T} = n\omega_0 = \omega_n \tag{5.2}$$

$$\omega_{n+1} - \omega_n = \frac{(n+1)2\pi}{T} - \frac{n2\pi}{T} = \frac{2\pi}{T} = \Delta\omega \tag{5.3}$$

とおいて，変形すると

$$f(t) = \sum_{n=-\infty}^{\infty} \left[\frac{1}{2\pi} \int_{-T/2}^{T/2} f(t) e^{-i\omega_n t} dt \right] e^{i\omega_n t} \cdot \Delta\omega \tag{5.4}$$

となる．

$T \to \infty$，すなわち $\Delta\omega \to 0$ の極限をとると，積分の定義が

$$\lim_{\Delta x \to 0} \sum_{n=-\infty}^{\infty} f(x_n) \Delta x = \int_{-\infty}^{\infty} f(x) dx \tag{5.5}$$

であることから同様に

$$\lim_{T \to \infty} f(t) = \lim_{\Delta\omega \to 0} f(t) = \frac{1}{2\pi} \int_{-\infty}^{\infty} \left[\int_{-\infty}^{\infty} f(t) e^{-i\omega t} dt \right] e^{i\omega t} \cdot d\omega \tag{5.6}$$

となる．ここで大括弧の中をフーリエ変換とよぶ

$$\text{フーリエ変換} \quad : F(\omega) = \int_{-\infty}^{\infty} f(t) e^{-i\omega t} dt \tag{5.7}$$

$$\text{逆フーリエ変換} : f(t) = \frac{1}{2\pi} \int_{-\infty}^{\infty} F(\omega) e^{i\omega t} d\omega \tag{5.8}$$

教科書によっては，フーリエ変換，逆フーリエ変換の係数を同様にするために

$$\text{フーリエ変換} \quad : F(\omega) = \frac{1}{\sqrt{2\pi}} \int_{-\infty}^{\infty} f(t) e^{-i\omega t} dt \tag{5.9}$$

$$\text{逆フーリエ変換} : f(t) = \frac{1}{\sqrt{2\pi}} \int_{-\infty}^{\infty} F(\omega) e^{i\omega t} d\omega \tag{5.10}$$

と定義している場合もある．

フーリエ変換，フーリエ逆変換については，以下のように表現される．

【フーリエ変換，逆変換の表現の仕方】

$$f(t) \xrightarrow{\mathcal{F}} F(\omega) \qquad \mathcal{F}[f(t)] = F(\omega)$$
$$F(\omega) \xrightarrow{\mathcal{F}^{-1}} f(t) \qquad \mathcal{F}^{-1}[F(\omega)] = f(t$$

例題 5.1

以下をフーリエ変換しなさい．
$$f(t) = e^{-at} u(t) \quad \text{ただし} \quad a > 0$$

解答

$f(t)$ のグラフは以下の通りである．

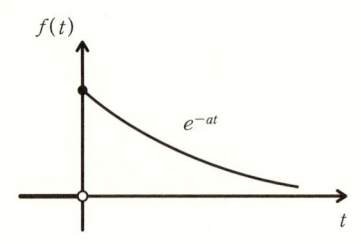

公式に代入し計算すると以下のように求まる.

$$F(\omega) = \int_{-\infty}^{\infty} f(t)e^{-i\omega t}dt = \int_{0}^{\infty} e^{-(a+i\omega)t}dt = \left[\frac{e^{-(a+i\omega)t}}{-a-i\omega}\right]_{0}^{\infty} = \frac{1}{a+i\omega}$$

例題 5.2

以下をフーリエ変換しなさい.

$$f(t) = e^{-|at|} \quad ただし \quad a > 0$$

解答

$f(t)$ のグラフは以下の通りである.

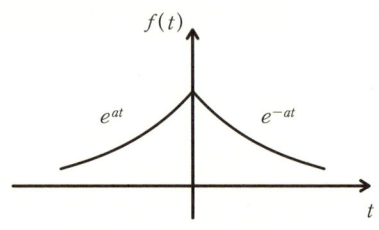

公式に代入し計算すると以下のように求まる.

$$F(\omega) = \int_{-\infty}^{\infty} f(t)e^{-i\omega t}dt = \int_{0}^{\infty} e^{-(a+i\omega)t}dt + \int_{-\infty}^{0} e^{(a-i\omega)t}dt$$

$$= \left[\frac{e^{-(a+i\omega)t}}{-a-i\omega}\right]_{0}^{\infty} + \left[\frac{e^{(a-i\omega)t}}{a-i\omega}\right]_{-\infty}^{0} = \frac{1}{a+i\omega} + \frac{1}{a-i\omega} = \frac{2a}{a^2+\omega^2}$$

例題 5.3

以下をフーリエ変換しなさい.

$$f(t) = u(t+1) - u(t-1) \quad u(t) はヘヴィサイド関数$$

解答

$f(t)$ のグラフは以下の通りである.

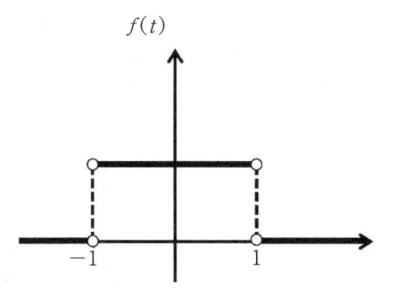

公式に代入し計算すると以下のように求まる.

$$F(\omega) = \int_{-\infty}^{\infty} f(t)e^{-i\omega t}dt = \int_{-1}^{1} e^{-i\omega t}dt = \left[\frac{e^{-i\omega t}}{-i\omega}\right]_{-1}^{1} = \frac{e^{i\omega}-e^{-i\omega}}{i\omega}$$

$$= \frac{e^{i\omega}-e^{-i\omega}}{2i}\frac{2}{\omega} = \frac{2\sin\omega}{\omega}$$

例題 5.4

以下をフーリエ変換しなさい.

$f(t) = te^{-at}u(t)$　ただし　$a > 0$

解答

$$F[te^{-at}u(t)] = \int_{0}^{\infty} te^{-at}e^{-i\omega t}dt = \left[t\frac{e^{-(a+i\omega)t}}{-(a+i\omega)}\right]_{0}^{\infty} - \int_{0}^{\infty} \frac{e^{-(a+i\omega)t}}{-(a+i\omega)}dt$$

$$= \left[\frac{-e^{-(a+i\omega)}}{(a+i\omega)^2}\right]_{0}^{\infty} = \frac{1}{(a+i\omega)^2}$$

例題 5.5

$f(t) = \begin{cases} \cos t & [-T/2 \leq t \leq T/2] \\ 0 & [t < -T/2, T/2 < t] \end{cases}$ をフーリエ変換しなさい.

解答

$$F(\omega) = \int_{-\infty}^{\infty} f(t)e^{-i\omega t}dt = \int_{-\frac{T}{2}}^{\frac{T}{2}} \cos t\, e^{-i\omega t}dt = \int_{-\frac{T}{2}}^{\frac{T}{2}} \frac{e^{it}+e^{-it}}{2}e^{-i\omega t}dt$$

$$= \left[\frac{e^{i(1-\omega)t}}{2i(1-\omega)} - \frac{e^{-i(1+\omega)t}}{2i(1+\omega)}\right]_{-\frac{T}{2}}^{\frac{T}{2}}$$

$$= \frac{e^{\frac{i(1-\omega)T}{2}}-e^{-\frac{i(1-\omega)T}{2}}}{2i(1-\omega)} + \frac{e^{\frac{i(1+\omega)T}{2}}-e^{-\frac{i(1+\omega)T}{2}}}{2i(1+\omega)}$$

$$= \frac{\sin[(1-\omega)\,T/2]}{(1-\omega)} + \frac{\sin[(1+\omega)\,T/2]}{(1+\omega)}$$

$T=10$ としてグラフを書くと以下のようになる.

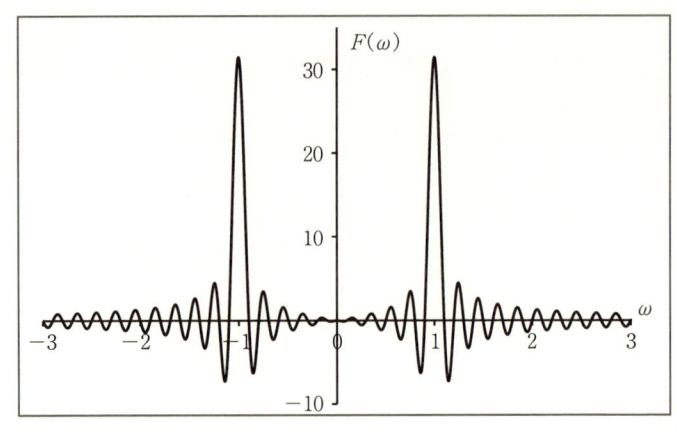

図 5.1　フーリエ変換結果

5.2　絶対値スペクトルと位相スペクトル

　フーリエ変換された値は複素関数となる. そこで, 実数成分と虚数成分を分離して

$$F(\omega) = R(\omega) + iX(\omega) \tag{5.11}$$

と表すことができる. また, 極座標表示して

$$F(\omega) = |F(\omega)|e^{i\varphi(\omega)} \tag{5.12}$$

ただし,

$$|F(\omega)| = \sqrt{R^2(\omega) + X^2(\omega)} \tag{5.13}$$

と表すことも可能である. ここで, $|F(\omega)|$ を絶対値スペクトル, $\varphi(\omega)$ を位相スペクトルと呼ぶ.

　ここで, 絶対値スペクトルと位相スペクトルの意味を考えてみる. フーリエ変換の積分の中身 $f(t)e^{-i\omega t}$ を複素フーリエ変換のときと同様にグラフに書いてみる. この値は, t, ω によって変化する. そこで, ω をある一定の値として, t の変化によってどのように移動するか考える. この値は複素数で

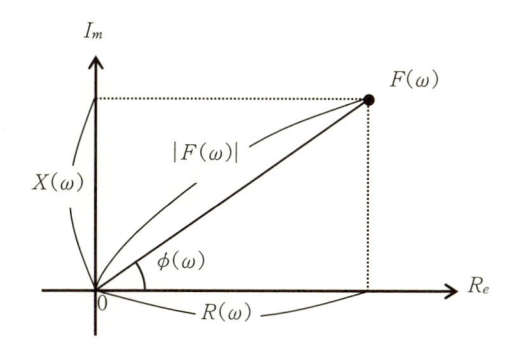

図 5.2　絶対値スペクトルと位相スペクトル

あるため，ある t においては複素平面上のある点によって表現できる．さらに，複素平面に直交する軸を t としてプロットする．すなわち，

$$\{R_e[f(t)e^{-i\omega t}], I_m[f(t)e^{-i\omega t}], t\}$$

として3次元空間上にプロットする．すると3次元空間に1本の線として表される．簡単な例で，$f(t)=1$ であれば

$$\{R_e[e^{-i\omega t}], I_m[e^{-i\omega t}], t\} = \{\cos(-\omega t), \sin(-\omega t), t\}$$

となる．複素平面上においては t の増加に伴って，角速度 ω で反時計方向に回転する．さらに t 軸方向に一定速度で移動することから，3次元空間上ではらせん軌道を描く．ω を1とした場合のグラフを図 5.3 に示す．この図を虚数軸方向（実数軸と t 軸を含む断面），実数軸方向（虚数軸と t 軸を含む断面），t 軸方向（実数軸と虚数軸を含む断面）で表したものを併せて示す．

　らせん軌道の断面であることから，実数軸方向から見たときは $\sin(-\omega t)$ $= -\sin\omega t$，虚数軸方向から見たときは $\cos(-\omega t) = \cos\omega t$ となり，t 軸方向から見たときは半径1，中心が $(0,0)$ の円の軌跡を描く．フーリエ変換とはこの値を t で積分していることから，t 軸方向に積分していることとなる．すなわち実数成分については，実数軸と t 軸からなる平面において t 軸方向に積分を行い，虚数成分については，虚数軸と t 軸からなる平面において t 軸方向に積分を行うことである．

　実際には $f(t)=1$ ではなく実数の $f(t)$ を掛けている．このため t 軸からの距離が $f(t)$ となるようならせん軌道を描くことになる．今度は $f(t)$ が

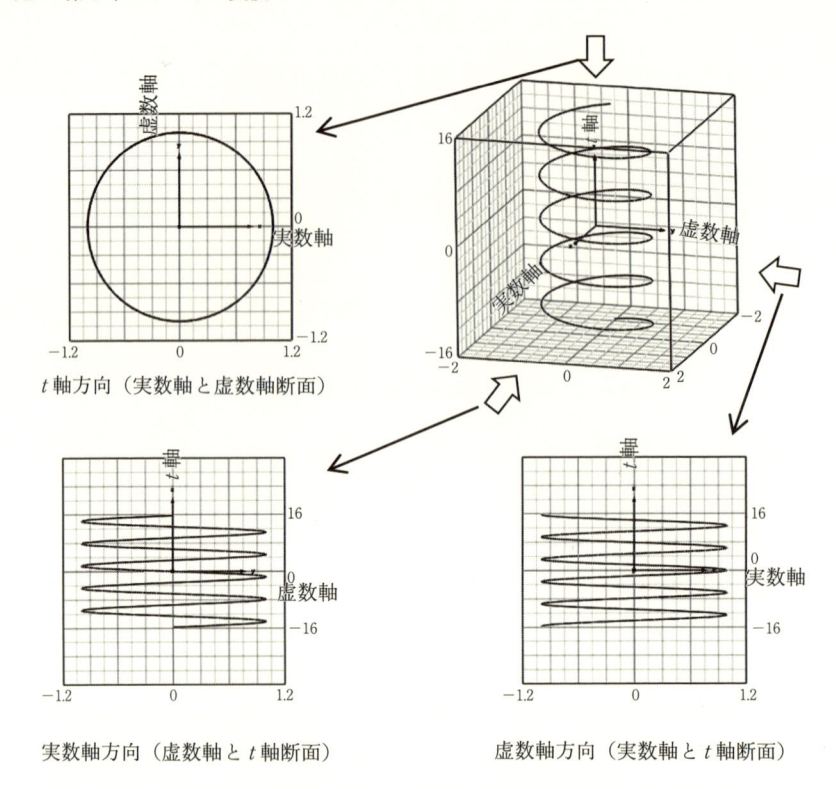

t軸方向（実数軸と虚数軸断面）

実数軸方向（虚数軸とt軸断面）   虚数軸方向（実数軸とt軸断面）

図 5.3 $f(t)=1$ のときのフーリエ変換

$\cos t$ の場合，つまり $f(t)e^{-i\omega t}=\cos t\, e^{-i\omega t}$ の軌跡を考える．$\omega=1$ のときは円運動している e^{-it} に同周期の $\cos t$ をかけている．$\cos t$ が負となるときは原点を対称に反対側となることを考慮しながらプロットすると t 軸方向から見たときには半径 0.5，中心が $(0.5, 0)$ の円の軌跡を描き，虚数軸方向，実数軸方向から見たときは三角関数となる軌跡を描く（図 5.4）．厳密には第2章の演習問題 (2) (b) を参照すること．

　ここで，フーリエ変換は t に関する積分である．積分範囲を大きくしていくと，円運動による位置の変化は積分によって相殺される．円の中心が $0.5+0i$ であり，虚数成分は変動するものの対称であることから 0 近傍の値を持つ．t が無限大になるにつれて，実数成分も無限大に大きくなっていく．

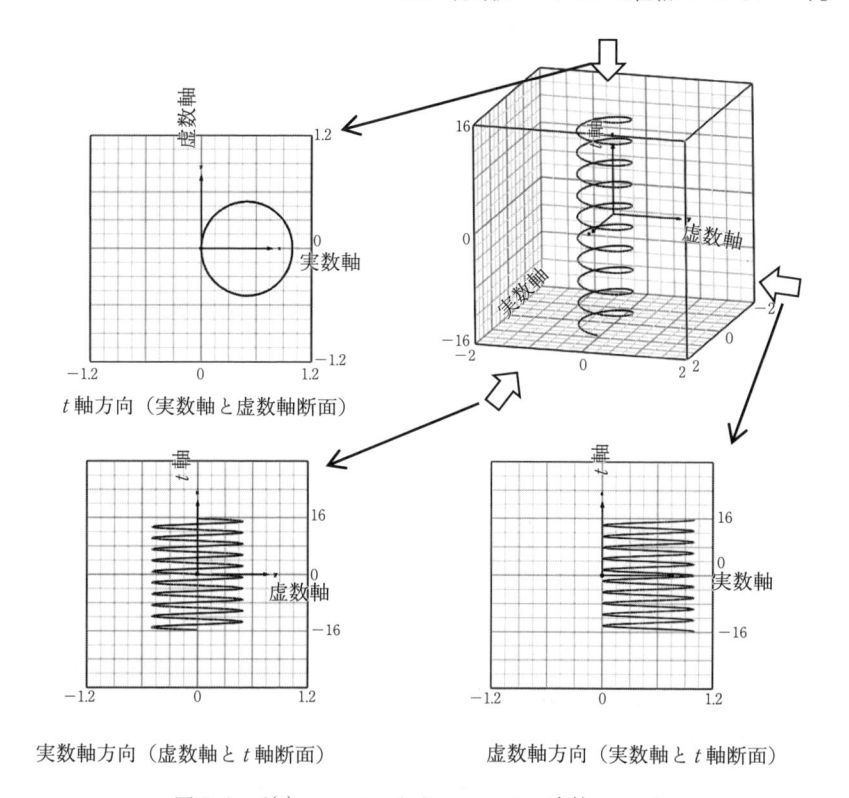

t軸方向（実数軸と虚数軸断面）

実数軸方向（虚数軸とt軸断面）　　　　　虚数軸方向（実数軸とt軸断面）

図 5.4　$f(t) = \cos t$ のときのフーリエ変換, $\omega = 1$

わずかに ω がずれる（プロットは ω を 1.2 としている）場合を図 5.5 にプロットする．この場合, $e^{-i1.2t}$ と $\cos t$ との周期が異なるため, $f(t)e^{-i1.2t} = \cos t\, e^{-i1.2t}$ は図 5.5 に示すようならせん状で中心が t 軸のまわりを少しずつ回転する軌道を描く．

t が十分に長くなると, $e^{-i1.2t}$ と $\cos t$ とのずれが大きくなっていき, そのずれが一周する．t 軸方向から見た場合では原点対称となるため, 積分の値は実数成分, 虚数成分共に相殺されて 0 となる．

つまり, $f(t)$ の周期と $e^{-i\omega t}$ の周期が一致している場合, 変動するものの t の積分する範囲が増えるにつれて, 積分した結果も大きくなっていく．一方, 周期がわずかにずれると, t 軸を対称とした軌道を描いていくため, 相殺

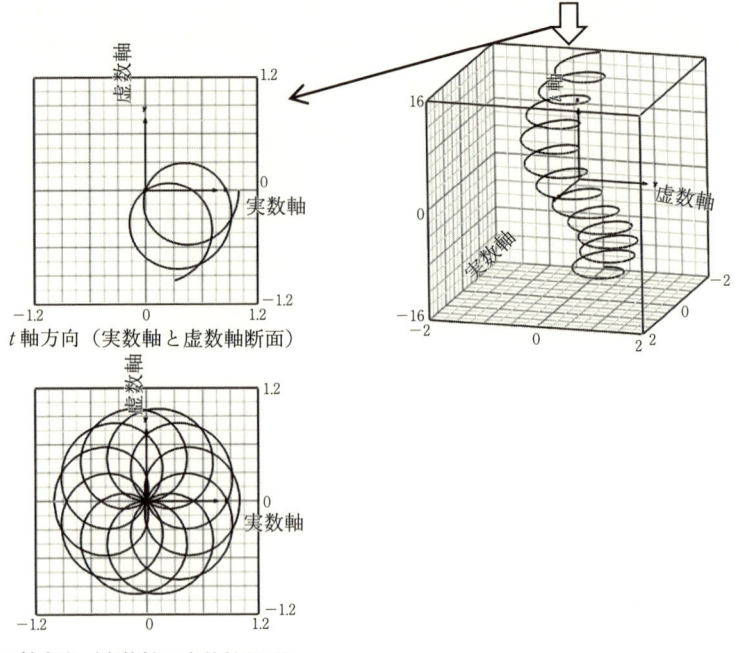

t 軸方向（実数軸と虚数軸断面）

t 軸方向（実数軸と虚数軸断面）

t の範囲を増やした場合

図 5.5　$f(t) = \cos t$ のときのフーリエ変換，$\omega = 1.2$

されて 0 となる．詳細は次節で詳述する．

　これらから，改めてフーリエ変換をグラフから直感的に説明する．フーリエ変換とは複素平面上において円運動している $e^{-i\omega t}$ に対して，$f(t)$ をかけて積分を行う．$f(t)$ の成分のうち，角速度が ω と一致したものについては，$f(t)e^{-i\omega t}$ の値が，t の変化に伴い原点ではない位置を中心とした円運動をすることとなる．この値を t で積分することにより，0 でない値を持ち，その速度の成分を抽出できる．一方，$f(t)$ の成分のうち角速度が ω と一致しないものについては $f(t)e^{-i\omega t}$ の値が中心を対象に図 5.5 のような軌跡を描く．したがって t を無限に積分することで，その値は相殺され 0 となる．

　位相スペクトルについて具体的な例を使って考えてみる．

$$f(t) = \begin{cases} 1 & [0 \le t \le \pi] \\ 0 & [t < 0, \pi < t] \end{cases} \tag{5.14}$$

を考える．この場合，$f(t)e^{-i\omega t}$ は，図5.3のらせんのうち $0<t<\pi$ 以外で 0 になる．ここで $f(t)$ の t が t_0 だけずれた場合を考える．そうすると，軌跡は 0 でない範囲が t 軸方向に t_0 だけずれる．らせんの中心からの位置は変わらず，らせんが t 軸を中心に $-\omega t_0$ だけ回転する．すなわち，らせんの位相がずれる（図5.6）．フーリエ変換はこのらせんを t 軸方向に無限の範囲を積分することである．らせんの位相がずれたものを積分するということは，複素平面において実軸とのなす角が $-\omega t_0$ だけずれることとなる．一方，原点からの距離は変わらないため，絶対値スペクトルについては変化しない．すなわちフーリエ変換結果の複素数の位相スペクトルは $f(t)$ の時間をずら

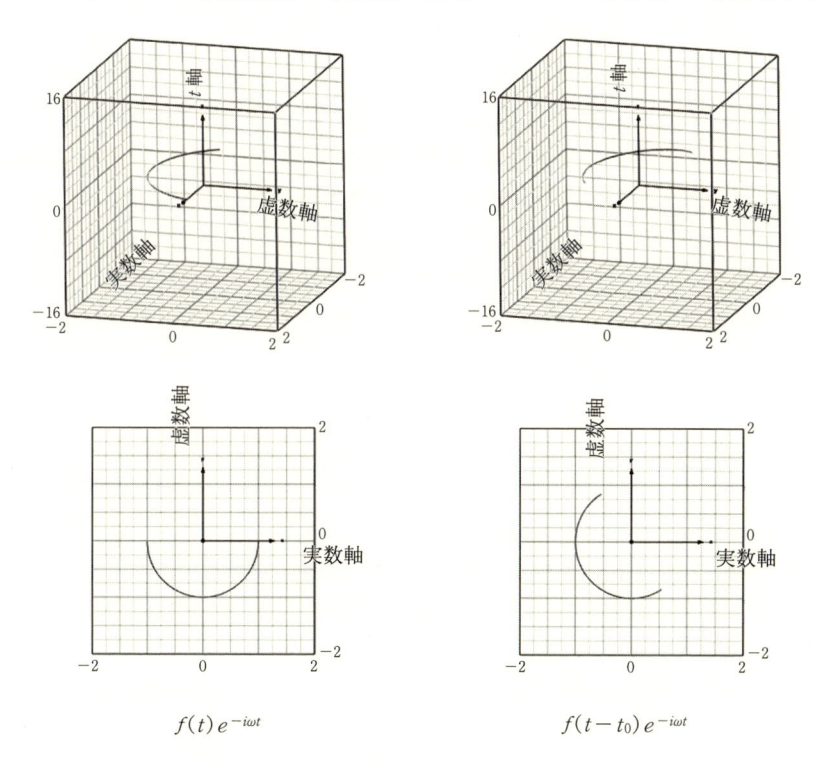

$$f(t)\,e^{-i\omega t} \qquad\qquad f(t-t_0)\,e^{-i\omega t}$$

図5.6　位相がずれた場合

すことで変化し，時間 t_0 ずらしたときに，その変化量は $-\omega t_0$ となる．

　この位相スペクトルは $f(t)$ が数式で定義されている場合は，その値は意味を持つ．しかし，実験データを測定し，その測定結果（数値データ）をフーリエ変換する場合などを考えてみよう．実際の測定では無限の時間を測定できないことから，ある限られた時間でフーリエ変換を行う（詳しくは 5.3 節で述べる）．そのため，この位相スペクトルは，いつ測定を開始し，いつ測定を終了するかによって変化してしまい，物理的な意味がないことが多い．

　一方，原点からの距離である絶対値スペクトルは，$f(t)$ の時間がずれても変化しない．絶対値スペクトルの2乗 $|F(\omega)|^2$ はその角周波数 ω のエネルギーに比例する．この根拠については，5.6節で述べる．

5.3　フーリエ変換の不確定性

　フーリエ変換は変換される関数が数式で定義されていれば解ける．しかし，実際の実験データなど，数値データを使った場合にはそのままでは利用できない．なぜならば，フーリエ変換は無限の時間を積分しているが，実験データは有限な時間しか得られないからである．そこで，実際には無限の時間ではなく，有限の時間を使い，それ以外の範囲は0だと考えて，フーリエ変換を行う．しかし，一部の時間を使うことで角速度が厳密には求まらなくなる．この積分時間と角速度数が求まる範囲とはトレードオフの関係がある．

　この意味について，例題 5.5 を使って具体的に考えてみよう．この例題は，T の範囲で $\cos t$，他の範囲で0となる関数のフーリエ変換を行っている．これは無限の範囲で $\cos t$ となる関数を一部切り出して，T の範囲でフーリエ変換しているのと同義である．

　ここで，T と ω の値を変化させて，軌跡を描いてみる．

$$f(t)e^{-i\omega t} = \cos t\, e^{-i\omega t} \tag{5.15}$$

　描画方法は前述した方法と同様である．一例として，$\omega=1$，$T=10\pi$ の場合は図 5.4 と同様であり，らせん状の軌跡を示しているのがわかる．t が変化するのに従って，$f(t)e^{-i\omega t}$ の値は，半径 0.5 で中心軸が $(0.5, 0)$ のらせん軌道を描き，t が π 変化するとこのらせん軌道は一周する．

ここで，ω がわずかにずれた場合を考えてみる．ω がずれることで，らせん状の軌跡が t 軸を中心に少しずつずれるようになる．図 5.7 は $\omega=1.1$，$T=10\pi$ である．このらせんを t 軸方向から観察したものも合わせて図示する．この場合では実数軸を中心に上下対象となっているため，虚数成分は 0，実数成分がある値を持っていることがわかる．

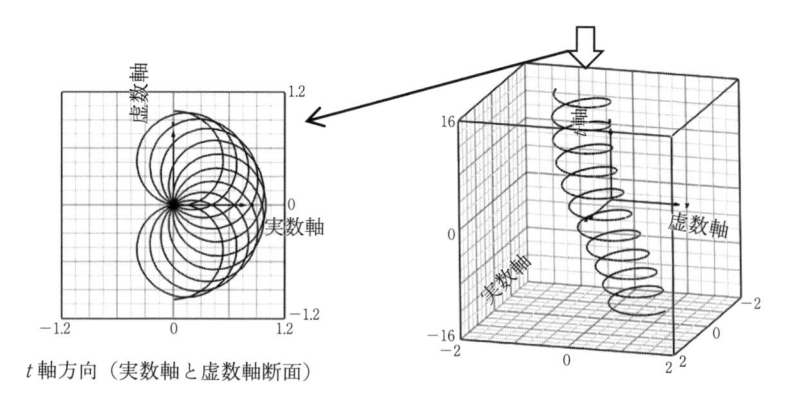

t 軸方向（実数軸と虚数軸断面）

図 5.7　$f(t)=\cos t$ のときのフーリエ変換，$\omega=1.1$，$T=10\pi$

さらに積分する範囲を $T=20\pi$ とする．t 軸方向から見た場合では，ずれが一周する．実数軸方向，虚数軸方向ともに軸に対して対象となっており，積分値は 0 となる．

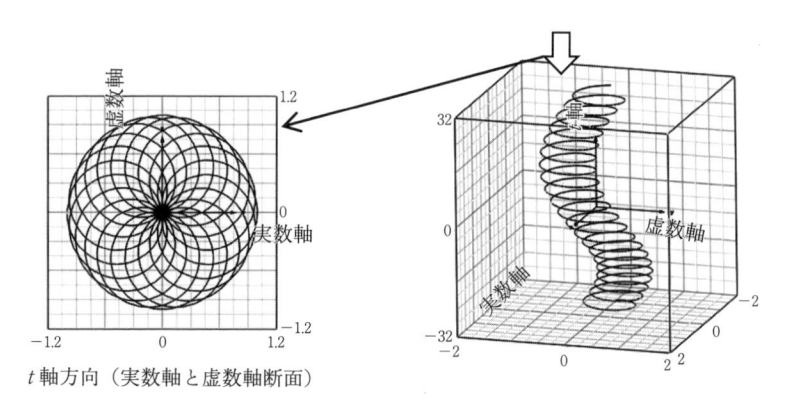

t 軸方向（実数軸と虚数軸断面）

図 5.8　$f(t)=\cos t$ のときのフーリエ変換，$\omega=1.1$，$T=20\pi$

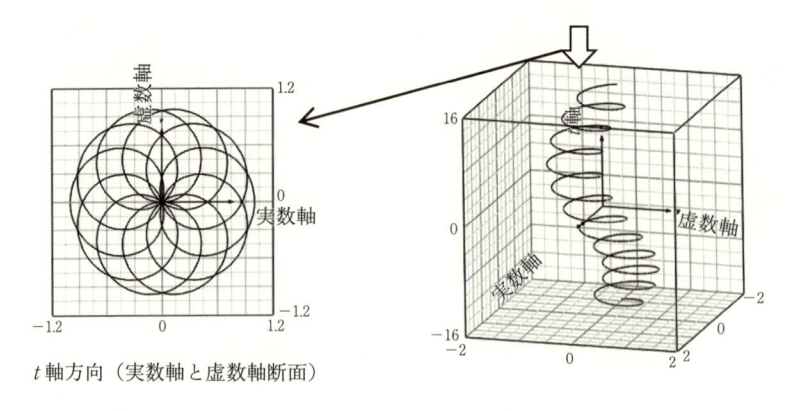

t 軸方向（実数軸と虚数軸断面）

図 5.9 $f(t)=\cos t$ のときのフーリエ変換, $\omega=1.2$, $T=10\pi$

　一方 ω がもっと大きくずれていると，らせんが一周するのがより早くなり，T が小さくても 0 になるのが早くなる．具体的に $\omega=1.2$ の場合では，$T=10\pi$ まで積分すれば対称となり 0 になる（図 5.9）．

　ここでは，角速度 1 の $\cos t$ をフーリエ変換している．ω が 1 の場合では中心軸が $(0.5, 0)$ のらせん軌道を描くことから，T を長くとることでフーリエ変換した $F(1)$ の値は大きくなっていく，ω がわずかにずれた場合は，このらせん軌道が t 軸を中心にずれていく．T が十分に長ければずれが 1 周し，積分した値は相殺され 0 となり，この周波数成分は含まれないとわかる．しかし，ずれが小さい場合や積分時間 T が短い場合ではずれが 1 周できず，判別が困難となる．実際に T を変えて $F(\omega)$ の値をプロットしたものが図 5.10 である．T が長いほど $\omega\pm1$ におけるピークが高く，細くなる．すなわち，わずかに異なる ω に対しても分離が可能となる．

　わずかに違う複数の角速度を持つ波の振動数は，積分時間が短くブロードなピークを持つ場合では区別ができない．しかし，積分時間を十分にとりシャープなピークを持つ場合では区別が可能となる．このことから実際に数値データを用いてフーリエ変換する場合では，適切な長さのデータを用いる必要がある．

　そこで，積分する時間 T とピークの幅との関係を求めてみよう．ピークの値から，最初に $F(\omega)=0$ となる部分の幅を $2\Delta\omega$ とする．例題 5.5 の分子

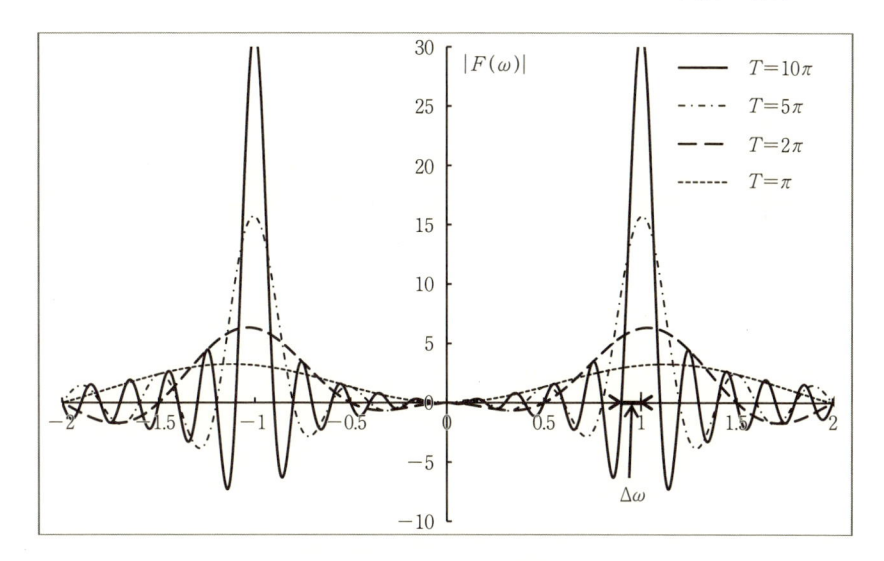

図 5.10　フーリエ変換結果

$\sin\left(\dfrac{(1-\omega)T}{2}\right)$, 分母 $1-\omega$ が共に 0 となる $\omega=1$ がピークをとる. ω を増やしていき, 次に $\sin\left(\dfrac{(1-\omega)T}{2}\right)=0$ となる ω がピークの幅となるため, $\dfrac{(1-\omega)T}{2}<\pi$ を満たす範囲がピークの幅に含まれる. ここで $\omega=1-\Delta\omega$ であるので, $\Delta\omega T<2\pi$ の関係が算出される. 角振動数と周波数 $\Delta f=2\pi\Delta\omega$ の関係を用いると $\Delta f T<1$ となる. すなわち周波数が Δf だけ違う場合は, $\Delta f<1/T$ であると識別できない. 逆にいうと Δf だけ周波数の違うピークを分離しようとすると, $T>1/\Delta f$ の範囲を積分する必要がある. これらの関係はフーリエ変換の不確定性と呼ばれる. 厳密な証明などについては, 必要に応じて他の教科書を参照されたい.

5.4　フーリエ変換の対称性

$f(t)$ が実関数のときフーリエ変換した結果を $F(\omega)$ とすると, 以下の性質がある.

$$F(-\omega) = F^*(\omega) \tag{5.16}$$

何回も説明しているとおり, 複素平面上において考えると, $f(t)$ が実関数であることから, $f(t)e^{-i\omega t}$ については, 原点からの距離が $f(t)$ で実軸とのな

す角が $-\omega t$ となるように移動する. ω の符号が逆になると回転方向が逆周りとなる.

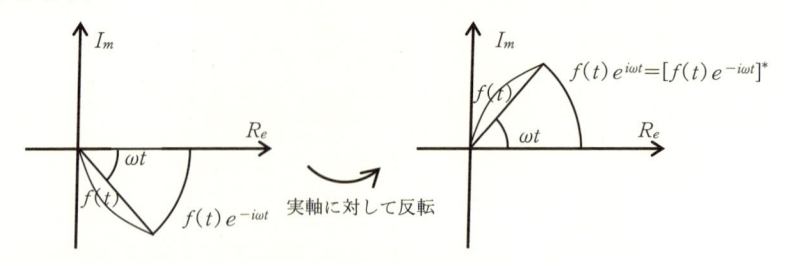

$F^*(\omega)$ についても, 虚数成分の符号を反転することであるため, $[f(t)e^{-i\omega t}]^*$ は ω の変化に伴う回転方向が逆になる. すなわち, $f(t)e^{i\omega t}=[f(t)e^{-i\omega t}]^*$ となる. したがって積分した結果も同様な関係である $F(-\omega)=F^*(\omega)$ となる. このため, 以下の関係が成り立つ

$$R(\omega) \quad : 偶関数 \tag{5.17}$$

$$X(\omega) \quad : 奇関数 \tag{5.18}$$

$$|F(\omega)| : 偶関数 \tag{5.19}$$

$$\varphi(\omega) \quad : 奇関数 \tag{5.20}$$

5.5　フーリエ変換の性質

フーリエ変換には以下のような性質がある. ここでは $\mathscr{F}[f(t)]=F(\omega)$ と表現している.

1.　線形性を持つ

$$\mathscr{F}[c_1 f_1(t)+c_2 f_2(t)] = c_1 F_1(\omega)+c_2 F_2(\omega) \tag{5.21}$$

証明

$$\mathscr{F}[c_1 f_1(t)+c_2 f_2(t)] = \int_{-\infty}^{\infty} \{c_1 f_1(t)+c_2 f_2(t)\}e^{-i\omega t}dt$$

$$= c_1\int_{-\infty}^{\infty} f_1(t)e^{-i\omega t}dt+c_2\int_{-\infty}^{\infty} f_2(t)e^{-i\omega t}dt = c_1 F_1(\omega)+c_2 F_2(\omega)$$

2.　時間軸の移動

$$\mathscr{F}[f(t-t_0)] = e^{-it_0\omega}F(\omega) \tag{5.22}$$

5.2 節で説明したとおりであり，$f(t)$ の時間を t_0 だけずらすとフーリエ変換の値に $e^{-it_0\omega}$ をかけること，すなわち複素平面で考えると $it_0\omega$ だけ時計方向に向かって回転させることとなる．

証明

$$\mathcal{F}[f(t-t_0)] = \int_{-\infty}^{\infty} f(t-t_0)e^{-i\omega t}dt$$

ここで $t-t_0=u$ とおく

$$\mathcal{F}[f(t-t_0)] = \int_{-\infty}^{\infty} f(u)e^{-i\omega u}e^{-i\omega t_0}du = e^{-i\omega t_0}F(\omega)$$

3. 周波数の移動

$$\mathcal{F}[f(t)e^{i\omega_0 t}] = F(\omega-\omega_0) \tag{5.23}$$

証明

$$\int_{-\infty}^{\infty} f(t)e^{i\omega_0 t}e^{-i\omega t}dt = \int_{-\infty}^{\infty} f(t)e^{-i(\omega-\omega_0)}dt = F(\omega-\omega_0)$$

4. フーリエ変換を 2 回行うともとの関数に戻る

$$\mathcal{F}[F(t)] = 2\pi f(-\omega) \tag{5.24}$$

証明 $F(\omega) = \displaystyle\int_{-\infty}^{\infty} f(t)e^{-i\omega t}dt$ であることから

$$F(F(t)) = \int_{-\infty}^{\infty} F(t)e^{-i\omega t}dt = 2\pi\frac{1}{2\pi}\int_{-\infty}^{\infty} F(t)e^{-i\omega t}dt$$

ここで，$t=-u$ として置き直すと

$$= 2\pi\frac{1}{2\pi}\int_{-\infty}^{\infty} F(-u)e^{i\omega u}du$$

さらに，ω を t，u を ω と置き直すと

$$= 2\pi\frac{1}{2\pi}\int_{-\infty}^{\infty} F(-\omega)e^{i\omega t}d\omega$$

逆フーリエ変換の公式

$$f(t) = \frac{1}{2\pi}\int_{-\infty}^{\infty} F(\omega)e^{i\omega t}d\omega$$

と比較すると，

$$\mathcal{F}[F(t)] = 2\pi f(-\omega)$$

となる．

5. 時間軸の伸縮

$$\mathcal{F}[f(at)](\omega) = \frac{1}{|a|}F\left(\frac{\omega}{a}\right) \tag{5.25}$$

もとの関数を $1/a$ 倍（$0<a<1$ の場合）早くすすめると，フーリエ変換の結果が $1/a$ 倍の位置にずれると同時にその幅が $1/a$ 倍となる．

証明

$$F[f(at)] = \int_{-\infty}^{\infty} f(at)e^{-i\omega t}dt$$

$a>0$ のとき $at=u$ とおく．

$$F[f(at)] = \frac{1}{a}\int_{-\infty}^{\infty} f(u)e^{-i\omega\left(\frac{u}{a}\right)}du = \frac{1}{a}\int_{-\infty}^{\infty} f(u)e^{-i\left(\frac{\omega}{a}\right)u}du = \frac{1}{a}F\left(\frac{\omega}{a}\right)$$

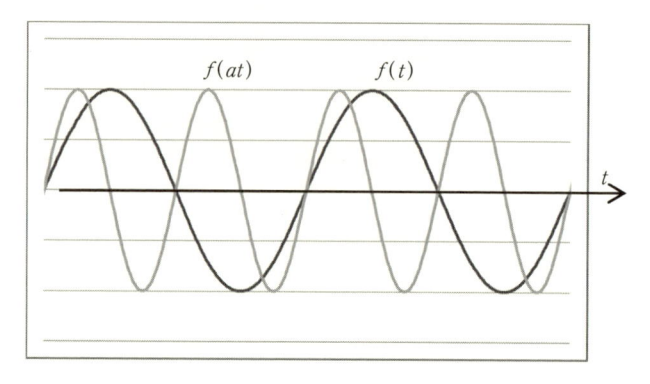

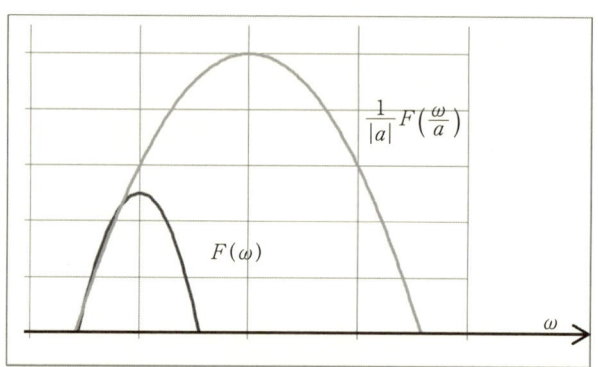

図 5.11　時間軸の伸縮

$a<0$ のときは積分範囲が $\infty \to -\infty$ となることに留意すると

$$F[f(at)] = \frac{1}{a}\int_{\infty}^{-\infty} f(u)e^{-i\omega\left(\frac{u}{a}\right)}du = -\frac{1}{a}F\left(\frac{\omega}{a}\right)$$

あわせて

$$[f(at)](\omega) = \frac{1}{|a|}F\left(\frac{\omega}{a}\right)$$

となる.

6. 微分のフーリエ変換

$\lim\limits_{t\to\pm\infty} f(t)=0$ のとき

$$\mathscr{F}\left[\frac{d}{dt}f(t)\right] = i\omega F(\omega) \tag{5.26}$$

となる.

証明

$$\mathscr{F}\left[\frac{d}{dt}f(t)\right] = \int_{-\infty}^{\infty}\frac{d}{dt}f(t)e^{-i\omega t}dt$$

$$= [f(t)e^{-i\omega t}]_{-\infty}^{\infty} + i\omega\int_{-\infty}^{\infty}f(t)e^{-i\omega t}dt = i\omega F(\omega)$$

例題 5.6

$f(t)$ のフーリエ変換が $F(\omega)$ のとき，$f(t)\cos \omega_0 t$，$f(t)\sin \omega_0 t$ のフーリエ変換を求めよ.

解答

$$F[f(t)\cos \omega_0 t] = F\left[f(t)\frac{e^{i\omega_0 t}+e^{-i\omega_0 t}}{2}\right]$$

$$= \frac{1}{2}F[f(t)e^{i\omega_0 t}] + \frac{1}{2}F[f(t)e^{-i\omega_0 t}] = \frac{1}{2}F(\omega-\omega_0) + \frac{1}{2}F(\omega+\omega_0)$$

$$F[f(t)\sin \omega_0 t] = F\left[f(t)\frac{e^{i\omega_0 t}-e^{-i\omega_0 t}}{2i}\right]$$

$$= \frac{1}{2i}F[f(t)e^{i\omega_0 t}] - \frac{1}{2i}F[f(t)e^{-i\omega_0 t}] = \frac{1}{2i}F(\omega-\omega_0) - \frac{1}{2i}F(\omega+\omega_0)$$

例題 5.7

次のグラフで表される関数のフーリエ変換を計算せよ．ただし周期数を n とする．

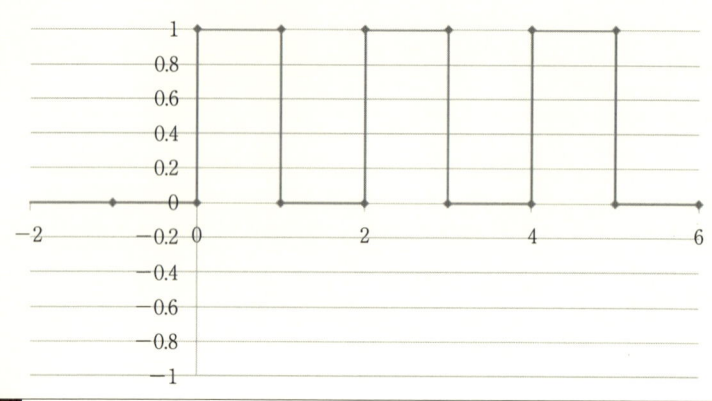

解答

矩形波を1周期ごとに分けて計算する．

1周期を $g(t) = \begin{cases} 1 & (0 \leq t < 1) \\ 0 & (1 \leq t < 2) \end{cases}$ とすると

$$f(t) = \sum_{k=0}^{n-1} g(t-2k)$$

となる．

$g(t)$ のフーリエ変換したものを $G(\omega)$ とする．

$$G(\omega) = \int_0^1 e^{-i\omega t} dt = \left[\frac{1}{-i\omega} e^{-i\omega t} \right]_0^1 = \frac{i}{\omega}(e^{-i\omega}-1)$$

時間軸の移動から

$$F(\omega) = \sum_{k=0}^{n-1} e^{-i2k\omega} G(\omega) = \frac{i}{\omega}(e^{-i\omega}-1) \sum_{k=0}^{n-1} e^{-i2k\omega}$$

5.6　パーセバルの定理

フーリエ変換した後の関数と元の関数との間にはパーセバルの定理と呼ばれる以下の関係がある．

$$\int_{-\infty}^{\infty} |f(t)|^2 dt = \frac{1}{2\pi} \int_{-\infty}^{\infty} |F(\omega)|^2 d\omega \tag{5.27}$$

証明は以下の通りである.

$$\int_{-\infty}^{\infty} |f(t)|^2 dt = \int_{-\infty}^{\infty} f(t)f^*(t)\,dt = \int_{-\infty}^{\infty} f(t)\left(\frac{1}{2\pi}\int_{-\infty}^{\infty} F^*(\omega)e^{-i\omega t}d\omega\right)dt$$

$$= \frac{1}{2\pi}\int_{-\infty}^{\infty}\left(\int_{-\infty}^{\infty} f(t)e^{-i\omega t}dt\right)F^*(\omega)d\omega$$

$$= \frac{1}{2\pi}\int_{-\infty}^{\infty} F(\omega)F^*(\omega)d\omega = \frac{1}{2\pi}\int_{-\infty}^{\infty} |F(\omega)|^2 d\omega$$

この意味を考えてみよう. 左辺は元の関数を 2 乗し, t で積分を行っている. 同様のことをフーリエ級数展開（3.9 節）で行っている. フーリエ級数展開により元の関数を直交する関数に分解し, その係数の 2 乗の和は元の関数の 2 乗に等しいということである. ベクトルとの類似性を考えるとピタゴラスの定理と同じであると説明した.

フーリエ変換については周期が無限となり, 直交する関数がフーリエ級数展開と異なり連続的に変化しているため積分に変わっているが, 同様のことを行っている. すなわち, 無限次元におけるピタゴラスの定理として理解できる.

$f(t)$ を波だと考えると振幅の 2 乗 $|f(t)|^2$ はエネルギーに相当すると考えられる. これを無限の時間において積分しているから左辺は波の全エネルギーだと考えられる. 一方, 右辺においては, 異なる周波数に分解し, その周波数成分を積分している. したがって $|F(\omega)|^2$ については, $f(t)$ の角速度 ω 成分のエネルギーと考えられる.

5.7 定数のフーリエ変換

$f(t)=1$ をフーリエ変換する場合を考える. フーリエ変換の定義式は

$$F(\omega) = \int_{-\infty}^{\infty} f(t)e^{-i\omega t}dt$$

であるから,

$$F(\omega) = \int_{-\infty}^{\infty} e^{-i\omega t}dt$$

を算出すればいいが, t が無限大において $e^{-i\omega t}$ の値が周期的に振動していることから, この値は計算できない. そこで超関数を使ってフーリエ変換を試

みる.

まず，デルタ関数をフーリエ変換してみる.

$$\mathcal{F}[\delta(t)] = \int_{-\infty}^{\infty} \delta(t) e^{-i\omega t} dt \tag{5.28}$$

デルタ関数の性質から

$$\mathcal{F}[\delta(t)] = e^0 = 1$$

したがって

$$\mathcal{F}^{-1}[1] = \frac{1}{2\pi} \int_{-\infty}^{\infty} 1 e^{i\omega t} d\omega = \delta(t) \tag{5.29}$$

の関係が得られる.

$$\mathcal{F}[1] = \int_{-\infty}^{\infty} 1 e^{-i\omega t} dt$$

であることから，$t = -s$ と置き換え

$$\mathcal{F}[1] = \int_{-\infty}^{\infty} 1 e^{i\omega s} ds = 2\pi \delta(\omega) \tag{5.30}$$

と超関数を使うことでフーリエ変換ができる.

単位階段関数をフーリエ変換することを考える. $u(t)$ も定数の場合と同様に t が無限大において，$e^{-i\omega t}$ の値が振動することから，計算できない. そこで，$u(t)$ を以下のようにおく.

$$u(t) = \lim_{a \to +0} \left[\frac{e^{-at} u(t) - e^{at} u(-t) + 1}{2} \right]$$

グラフにすると以下となる.

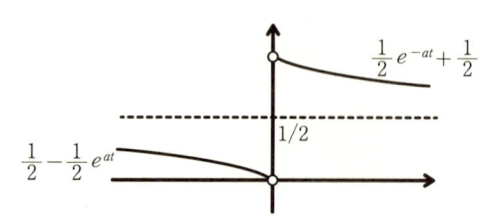

$a \to +0$ に極限をとると，単位階段関数になる.

フーリエ変換すると

$$\mathrm{F}[u(t)] = \lim_{a \to +0}\left[\frac{1}{2}\frac{1}{a+i\omega} - \frac{1}{2}\frac{1}{a-i\omega} + \pi\delta(\omega)\right] = \frac{1}{i\omega} + \pi\delta(\omega) \qquad (5.31)$$

例題 5.8

$f(t)=\cos\omega_0 t, \ g(t)=\sin\omega_0 t$ をフーリエ変換しなさい.

解答

$$F(\omega) = \int_{-\infty}^{\infty} f(t)e^{-i\omega t}dt = \int_{-\infty}^{\infty}\cos\omega_0 t\, e^{-i\omega t}dt$$

$$= \int_{-\infty}^{\infty}\frac{e^{i\omega_0 t}+e^{-i\omega_0 t}}{2}e^{-i\omega t}dt$$

$$= \int_{-\infty}^{\infty}\frac{e^{i(\omega_0-\omega)t}+e^{-i(\omega_0+\omega)t}}{2}dt = \pi\delta(\omega_0-\omega)+\pi\delta(\omega_0+\omega)$$

$$G(\omega) = \int_{-\infty}^{\infty} g(t)e^{-i\omega t}dt = \int_{-\infty}^{\infty}\sin\omega_0 t\, e^{-i\omega t}dt$$

$$= \int_{-\infty}^{\infty}\frac{e^{i\omega_0 t}-e^{-i\omega_0 t}}{2i}e^{-i\omega t}dt$$

$$= \int_{-\infty}^{\infty}\frac{e^{i(\omega_0-\omega)t}-e^{-i(\omega_0+\omega)t}}{2i}dt = -i\pi\delta(\omega_0-\omega)+i\pi\delta(\omega_0+\omega)$$

例題 5.9

$f(t)=e^{-at}(\cos\omega_0 t)u(t), \ g(t) = e^{-at}(\sin\omega_0 t)u(t)$ をフーリエ変換しなさい. ただし $a>0$.

解答

$$F(\omega) = \int_{-\infty}^{\infty} e^{-at}(\cos\omega_0 t)u(t)e^{-i\omega t}dt$$

$$= \int_{0}^{\infty} e^{-at}\frac{e^{i\omega_0 t}+e^{-i\omega_0 t}}{2}\cdot e^{-i\omega t}dt$$

$$= \frac{1}{2}\int_{0}^{\infty} e^{(-a+i\omega_0-i\omega)t}+e^{(-a-i\omega_0-i\omega)t}dt$$

$$= \frac{1}{2}\left\{\frac{1}{a+i\omega-i\omega_0}+\frac{1}{a+i\omega+i\omega_0}\right\} = \frac{a+i\omega}{(a+i\omega)^2+\omega_0{}^2}$$

同様に

$$G(\omega) = \int_{-\infty}^{\infty} e^{-at}(\sin\omega_0 t)u(t)e^{-i\omega t}dt$$

$$= \int_{0}^{\infty} e^{-at}\frac{e^{i\omega_0 t}-e^{-i\omega_0 t}}{2i}\cdot e^{-i\omega t}dt$$

$$= \frac{1}{2i}\int_0^\infty e^{(-a+i\omega_0-i\omega)t} - e^{(-a-i\omega_0-i\omega)t}dt$$

$$= \frac{1}{2i}\left\{\frac{1}{a+i\omega-i\omega_0} - \frac{1}{a+i\omega+i\omega_0}\right\} = \frac{\omega_0}{(a+i\omega)^2+\omega_0{}^2}$$

例題 5.10

$f(t) = (\cos \omega_0 t)u(t), \ g(t) = (\sin \omega_0 t)u(t)$ をフーリエ変換しなさい.

解答

例題 5.9 において, $a \to +0$ で極限をとればいいので

$$F(\omega) = \lim_{a \to +0} \frac{a+i\omega}{(a+i\omega_0)^2+\omega^2} = \frac{i\omega}{\omega_0{}^2-\omega^2}$$

$$G(\omega) = \lim_{a \to +0} \frac{\omega_0}{(a+i\omega)^2+\omega_0{}^2} = \frac{\omega_0}{\omega_0{}^2-\omega^2}$$

例題 5.11

以下のグラフで表される関数 $f(t)$ をフーリエ変換しなさい.

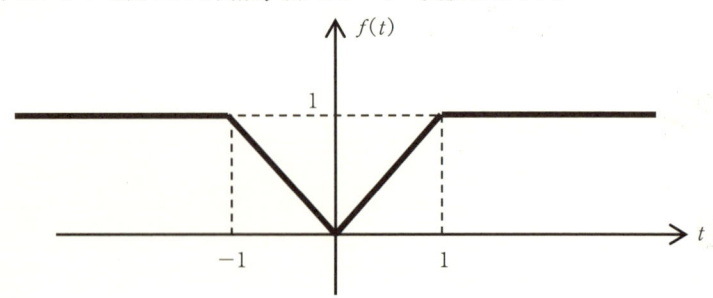

解答

$$f(t) = \begin{cases} 1 & t < -1, \ 1 \le t \\ 1-t-1 & -1 \le t < 0 \\ 1+t-1 & 0 \le t < 1 \end{cases}$$

として考えると

$$f_1 = 1$$

$$f_2 = \begin{cases} -t-1 & -1 \le t < 0 \\ 0 & t < -1 \ \ 0 \le t \end{cases}$$

$$f_3 = \begin{cases} t-1 & 0 \le t < 1 \\ 0 & t < 0 \ \ 1 \le t \end{cases}$$

$f(t) = f_1(t) + f_2(t) + f_3(t)$ と表せる.

$$F(\omega) = F_1(\omega) + F_2(\omega) + F_3(\omega)$$

$$F(\omega) = \int_{-\infty}^{\infty} f(t)e^{-i\omega t}dt$$

$$= \int_{-\infty}^{\infty} 1 e^{-i\omega t}dt + \int_{-1}^{0}(-t-1)e^{-i\omega t}dt + \int_{0}^{1}(t-1)e^{-i\omega t}dt$$

$$= 2\pi\delta(\omega) + \left[(-t-1)\frac{e^{-i\omega t}}{-i\omega}\right]_{-1}^{0} - \int_{-1}^{0}(-1)\frac{e^{-i\omega t}}{-i\omega}dt$$

$$\quad + \left[(t-1)\frac{e^{-i\omega t}}{-i\omega}\right]_{0}^{1} - \int_{0}^{1}\frac{e^{-i\omega t}}{-i\omega}dt$$

$$= 2\pi\delta(\omega) + (-1)\frac{1}{-i\omega} - \left[(-1)\frac{e^{-i\omega t}}{-\omega^2}\right]_{-1}^{0} + (-1)\frac{-1}{-i\omega} - \left[\frac{e^{-i\omega t}}{-\omega^2}\right]_{0}^{1}$$

$$= 2\pi\delta(\omega) + \frac{1-e^{i\omega}}{-\omega^2} - \frac{e^{-i\omega}-1}{-\omega^2}$$

$$= 2\pi\delta(\omega) + \frac{e^{i\omega}+e^{-i\omega}-2}{\omega^2} = 2\pi\delta(\omega) + \frac{2\cos\omega-2}{\omega^2}$$

別解

$$f(t) = f_1(t) + f_2(t) + f_3(t)$$

ただし,

$$f_1(t) = u(-(t+1)) \quad (t < -1)$$
$$f_2(t) = |t| \quad (-1 \le t < 1)$$
$$f_3(t) = u(t+1) \quad (1 \le t)$$

とおく.

$F(\omega) = F_1(\omega) + F_2(\omega) + F_3(\omega)$ であるのでそれぞれ求める.

$$F_1(\omega) = \left[\frac{1}{i(-\omega)} + \pi\delta(-\omega)\right]e^{i\omega}$$

$$F_2(\omega) = \int_{-1}^{0} -t\,e^{-i\omega t}dt + \int_{0}^{1} t\,e^{-i\omega t}dt$$

$$= \left[-t\frac{e^{-i\omega t}}{-i\omega}\right]_{-1}^{0} - \int_{-1}^{0}(-1)\frac{e^{-i\omega t}}{-i\omega}dt + \left[t\frac{e^{-i\omega t}}{-i\omega}\right]_{0}^{1} - \int_{0}^{1}\frac{e^{-i\omega t}}{-i\omega}dt$$

$$= \frac{-e^{-i\omega}}{-i\omega} - \left[-1\frac{e^{-i\omega t}}{-\omega^2}\right]_{-1}^{0} + \frac{e^{-i\omega}}{-i\omega} - \left[-1\frac{e^{-i\omega t}}{-\omega^2}\right]_{0}^{1}$$

$$= \frac{e^{i\omega}-e^{-i\omega}}{i\omega} - \frac{1-e^{\omega t}}{\omega^2} - \frac{1-e^{-\omega t}}{\omega^2} = \frac{e^{i\omega}-e^{-i\omega}}{i\omega} + \frac{e^{\omega t}+e^{-\omega t}-2}{\omega^2}$$

$$F_3(\omega) = \left[\frac{1}{i\omega} + \pi\delta(\omega)\right]e^{-i\omega}$$

$$F(\omega) = F_1(\omega) + F_2(\omega) + F_3(\omega)$$

$$= \pi\delta(-\omega)e^{i\omega} + \pi\delta(\omega)e^{-i\omega} + \frac{e^{\omega t} + e^{-\omega t} - 2}{\omega^2}$$

$$= 2\pi\delta(\omega) + \frac{e^{\omega t} + e^{-\omega t} - 2}{\omega^2} = 2\pi\delta(\omega) + \frac{2\cos\omega - 2}{\omega^2}$$

演習問題

(1) $f(t)$ をフーリエ変換せよ.

   (a) $f(t) = \begin{cases} -t & -1 \leq t < 0 \\ t & 0 \leq t \leq 1 \\ 0 & t < -1, t > 1 \end{cases}$

   (b) $f(t) = \left\{1 - \dfrac{|t|}{2}\right\}\{u(t+2) - u(t-2)\}$

      ただし, $u(t)$ はヘヴィサイド関数

   (c) $f(t) = e^{-|t-1|}$

   (d) $f(t) = \begin{cases} ae^{-t}\sin t & t \geq 0 \\ 0 & t < 0 \end{cases}$ ただし $a > 0$

   (e) $f(t) = te^{-at}u(t)$ ただし $a > 0, u(t)$ はヘヴィサイド関数

(2) $f(t) = \delta(t-t_0) + \delta(t+t_0)$ ($\delta(t)$ はデルタ関数) をフーリエ変換し, 極座標表示 $F(\omega) = |F(\omega)|e^{i\varphi(\omega)}$ した場合の, $|F(\omega)|$ と $\varphi(\omega)$ を描け.

(3) 関数 $f(t)$ のフーリエ変換が $F(\omega)$ のとき, $f(at+b)$ のフーリエ変換を求めよ. ただし, $a > 0$ とする.

（4）　次のグラフで表される関数のフーリエ変換を計算せよ

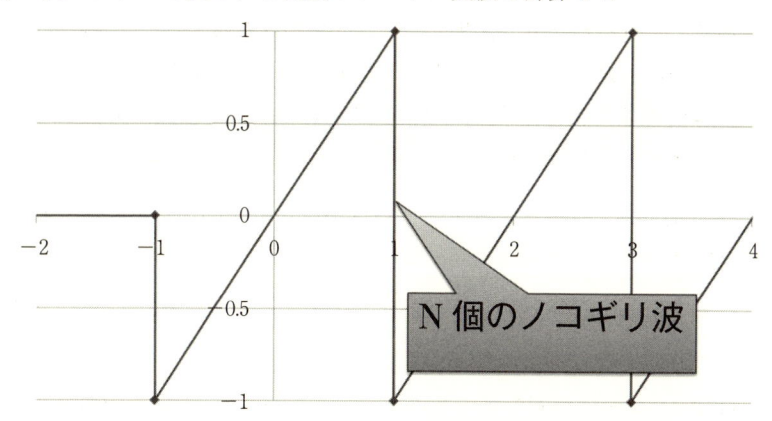

（5）　次のグラフで表される関数のフーリエ変換を計算せよ

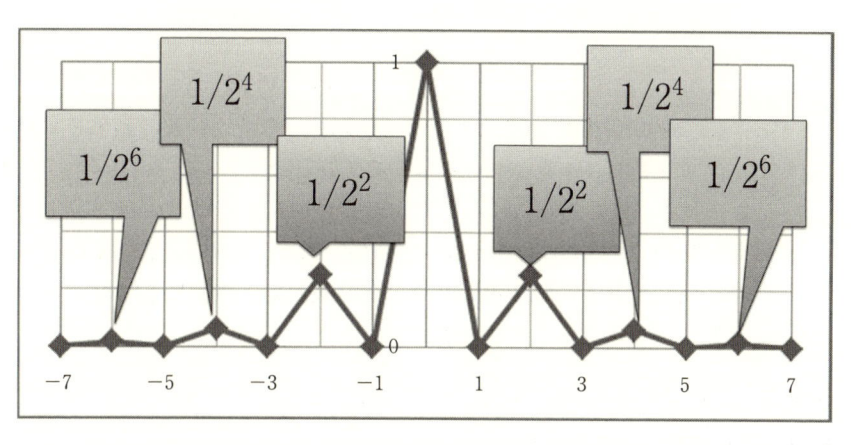

0 を中心として，振幅が $1/2^{|t|}$ で周期は 2 である三角波

（6）　数値データをつかったフーリエ変換 1[†]

　　　オルガンの音：単音 a, c, e, f, g（ラ，ド，ミ，ファ，ソ，（ほとんどサ

[†]　本章の，これ以降の演習問題のデータは，https://www.kyoritsu-pub.co.jp/bookdetail/97843201
13893 よりダウンロードできる．

イン波）と和音：単音が3音を同時にならしたものがアップロードして
ある．それぞれwav（音楽再生ソフトで聞ける形式）とcsv形式（エク
セルで取り扱える数値データ形式）でアップロードしてある．

　この単音と和音をそれぞれフーリエ変換して，どの3音が入ってい
るかをあきらかにする．

課題1. 和音をフーリエ変換しなさい．その結果を横軸をω，縦軸を
$|F(\omega)|$でグラフに描きなさい．計算範囲によってピークの幅が変わる
ことを確認しなさい．3音が明瞭に区別できるような計算時間を選定
しなさい．

課題2. 和音と単音をフーリエ変換し，横軸をω,縦軸を$|F(\omega)|$でグラ
フを書きなさい．このピークの一致から和音に含まれている単音を示
しなさい．

課題3. フーリエ逆変換
　2の和音の結果をフーリエ逆変換（$F(\omega)$は複素数のまま取り扱うこ
と）し，横軸t，縦軸$f(t)$としてグラフに描きなさい．その結果を元の
データと比較し，一致していることを確認しなさい．
　2の和音の結果を1つずつ取り出し（ピークがそれぞれ入るように，
$|\omega|$を3つの範囲に切り分ける．他の部分はゼロにする，課題1の回答
例を参考）フーリエ逆変換しなさい．最後に逆変換した3つのグラフ
を足して，同じになることを確認しなさい．

注意点　計算量が多く，性能の低いPCを使うとフリーズする（特にメモリ
が少ないと困難）ことがある．1秒間のデータが入っているが，全部のデー
タを使うと困難なので0.1秒程度を目処に使うこと．また，計算方法の設定
の自動を手動に変えて，コピー＆ペーストが終わってから別途計算させる
など試みるとよい．それでも上手くいかない場合は，少しずつ計算し，その
結果を別ファイルにコピーしながら，1度に計算するデータ量を少なくする
とフリーズしにくい．

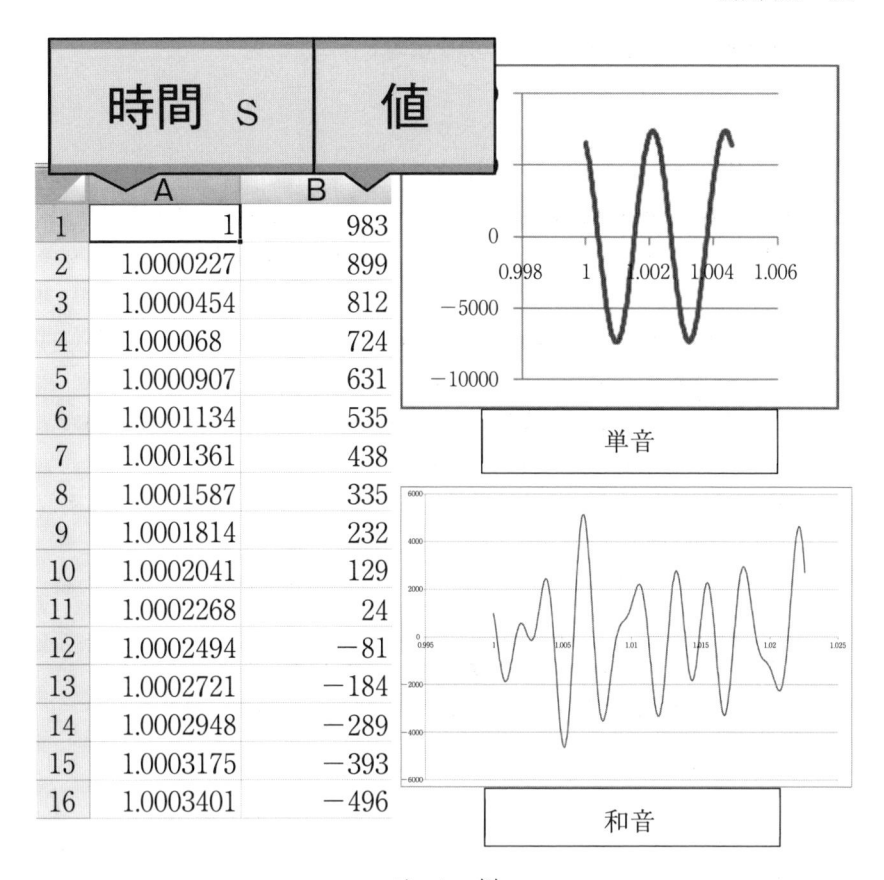

時間 S		値	
	A		B
1	1		983
2	1.0000227		899
3	1.0000454		812
4	1.000068		724
5	1.0000907		631
6	1.0001134		535
7	1.0001361		438
8	1.0001587		335
9	1.0001814		232
10	1.0002041		129
11	1.0002268		24
12	1.0002494		−81
13	1.0002721		−184
14	1.0002948		−289
15	1.0003175		−393
16	1.0003401		−496

単音

和音

データの例

(7) 数値データをつかったフーリエ変換2

　　東京と福岡の温度（1時間ごと，1年分）の数値データをダウンロー
ドし，このデータをフーリエ変換し，一日（24時間）周期の結果を求め
なさい．このフーリエ変換の結果は，1日の温度変化を三角関数で近似
した結果に相当する．振幅から温度変化量，位相から最高温度と最低
温度となる時刻を求めなさい．東京と福岡の東経はそれぞれ，139°41′
と130°25′であり，その分，日の出日の入りの時間がずれている．気温

の変化も同程度ずれていることを確認しなさい.

(8)　数値データをつかったフーリエ変換 3

　　潮位は月による重力と太陽による重力によって生じる．地球から見たとき月は 24.84 時間で 1 周する．そのため，太陽に由来する潮位（12 時間周期），月に由来する潮位（12.42 時間周期）の足し合わされたものとなる.

　　東京の潮位（1 時間ごと，1 月 1 日 0 時から 1 年分，データの単位は cm）の数値データをダウンロードし，以下の問いに答えなさい.

(a)　1 年分の潮位の結果をフーリエ変換し，12 時間と 12.42 時間周期の周波数成分が大きいことを確認しなさい.

(b)　それらのフーリエ変換結果から太陽，月それぞれに由来する潮位変化の振幅を求めなさい.

(c)　最初に太陽，月それぞれに由来する潮位が最大となる時間を求めなさい.

(d)　フーリエ変換した結果のうち，太陽と月に由来する，12 時間と 12.42 時間周期の成分のみをフーリエ逆変換し，足し合わせて，元の潮位のグラフと比較しなさい.

高速フーリエ変換

　この演習では，フーリエ変換の意味合いを理解してもらうため，直接的に計算を行っている．しかし，試してもらったらわかるように計算に大変時間がかかる．このため，この計算量を減らす方法として，一般的には高速フーリエ変換（FFT）と呼ばれる方法で計算される．興味のある読者は他の教科書などをあたって欲しい.

　エクセルでも FFT の機能は実装されている．初期設定では使えるようになっていないことが多いので，こちらも興味のある人は web などで調べて，使用してみて欲しい.

フーリエ変換の例をまとめる

$f(t)$	$F(\omega)$
$c_1 f_1(t) + c_2 f_2(t)$	$c_1 F_1(\omega) + c_2 F_2(\omega)$
$f(at)$	$\dfrac{1}{|a|} F\!\left(\dfrac{\omega}{a}\right)$
$f(-t)$	$F(-\omega)$
$f(t-t_0)$	$F(\omega) e^{-it_0\omega}$
$f(t)e^{i\omega_0 t}$	$F(\omega-\omega_0)$
$f(t)\cos\omega_0 t$	$\dfrac{1}{2}[F(\omega-\omega_0) + F(\omega+\omega_0)]$
$F(t)$	$2\pi f(-\omega)$
$\dfrac{df(t)}{dt}$	$i\omega F(\omega)$
$e^{-at}u(t)(a>0)$	$\dfrac{1}{a+i\omega}$
$e^{-|at|}(a>0)$	$\dfrac{2a}{a^2+\omega^2}$
$te^{-at}u(t)(a>0)$	$\dfrac{1}{(a+i\omega)^2}$
$\delta(t)$	1
$\delta(t-t_0)$	$e^{-it_0\omega}$
$u(t)$	$\dfrac{1}{i\omega} + \pi\delta(\omega)$
$\cos\omega_0 t$	$\pi[\delta(\omega-\omega_0) + \delta(\omega+\omega_0)]$
$\sin\omega_0 t$	$-i\pi[\delta(\omega-\omega_0) - \delta(\omega+\omega_0)]$
$e^{-at}(\cos\omega_0 t)u(t)(a>0)$	$\dfrac{a+i\omega}{(a+i\omega)^2+\omega_0^2}$
$e^{-at}(\sin\omega_0 t)u(t)(a>0)$	$\dfrac{\omega_0}{(a+i\omega)^2+\omega_0^2}$
$(\cos\omega_0 t)u(t)$	$\dfrac{i\omega}{\omega_0^2-\omega^2}$
$(\sin\omega_0 t)u(t)$	$\dfrac{\omega_0}{\omega_0^2-\omega^2}$

第6章

たたみこみ

たたみこみ（convolution）は以下で定義される積分であり，合成積，重畳積分，コンボリューションとも呼ばれる．

$$h(t) = f(t) * g(t) = \int_{-\infty}^{\infty} f(\tau)g(t-\tau)d\tau \tag{6.1}$$

6.1　たたみこみの意味

十分短い時間に大きさ1の入力（正確にはデルタ関数による入力）を行ったところ，以下の図のような $g(t)$ で表される出力が得られるシステムがあると考える（図6.1）.

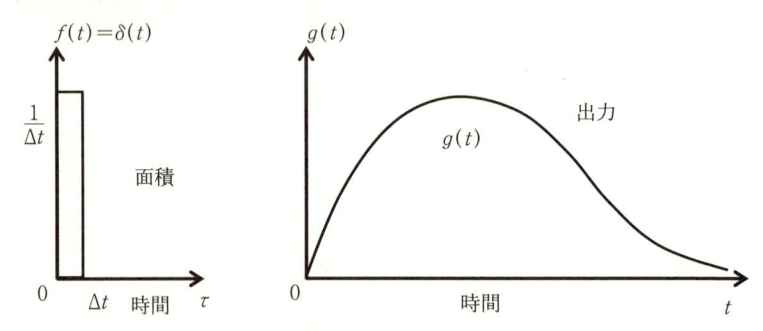

図6.1　システムへの入力と出力

具体的には，図6.2に示すように梁に加えた力と梁の変位や，水にお湯を注いだ際のお湯の量と水の温度など，様々なものが考えられる．線形な関係（詳細は次章で説明するが，入力に出力が比例する）であればどのようなものでも構わない．

ここで，入力がデルタ関数でなく，任意の関数 $f(t)$ で表される場合，どのような出力 $h(t)$ が得られるか考えてみよう．ある時間 t の出力 $h(t)$ は，様々な時間の入力による出力が足し合わされたものと考えることができる．

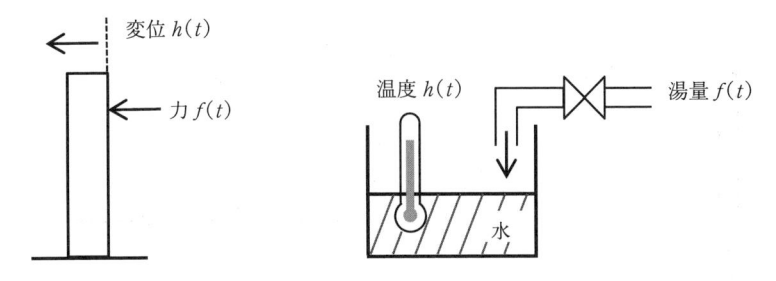

図6.2 システムの例

ここである時間 τ での入力による出力を個別に考えてみる（図6.3）.

まず，時間 0 における入力 $f(0)$ により時間 t における出力は

$f(0)g(t)$

と表される.

τ_1 だけ遅れた入力 $f(\tau_1)$ による時間 t における出力は

$f(\tau_1)g(t-\tau_1)$

と表される.

さらに τ_2 だけ遅れた入力 $f(\tau_2)$ による時間 t における出力は

$f(\tau_2)g(t-\tau_2)$

と表される.

同様に τ をずらしていったものをたす，すなわち積分を行うことで，出力の形状が求められる.

$$h(t) = \int_{-\infty}^{\infty} f(\tau)g(t-\tau)d\tau \tag{6.2}$$

これをたたみこみと呼び，以下のように表す.

$$h(t) = f(t) * g(t) \tag{6.3}$$

$*$ は乗算では無いので混同しないように注意しよう.

たたみこみは，あるシステムに対して，入力 $f(t)$ を加えたとき出てくる出力 $h(t)$ を求めるために使われ，様々な現象を理解するために幅広く利用される.

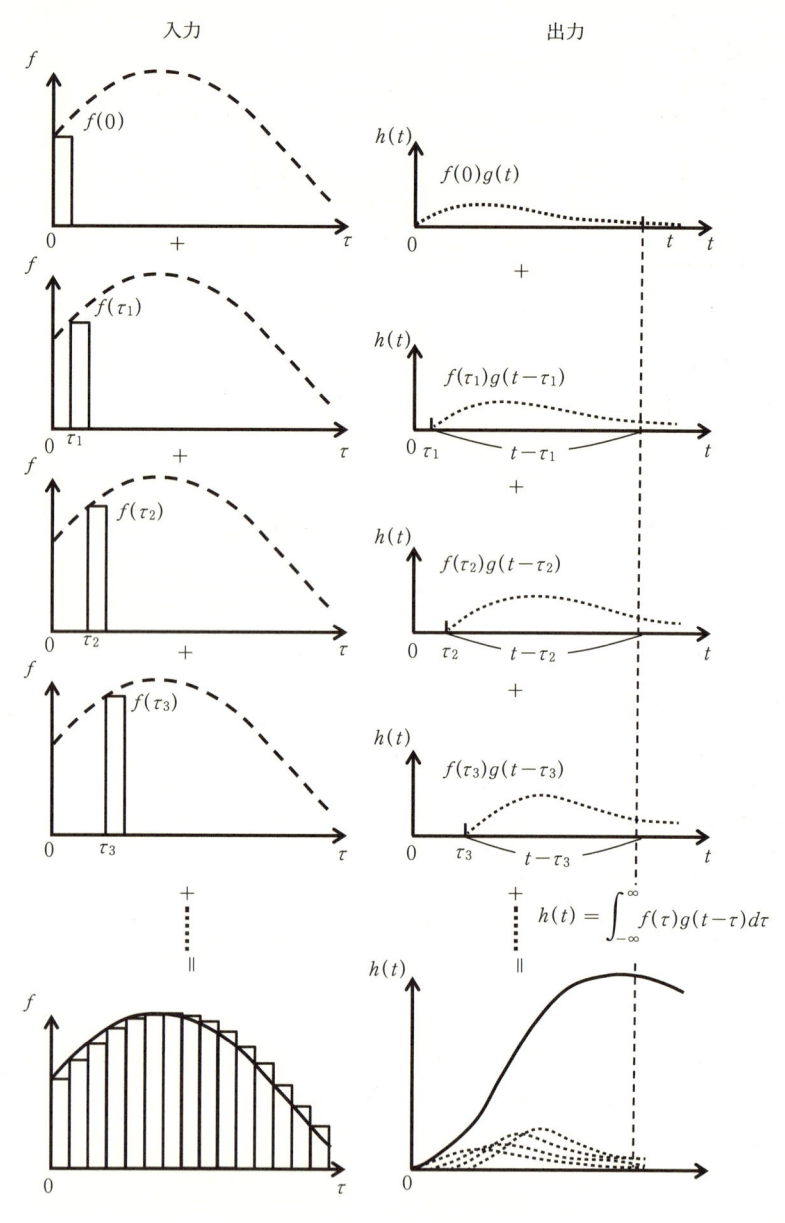

図 6.3 たたみこみの意味

6.2 たたみこみの性質

たたみこみには以下の性質がある.

a) $f(t) * g(t) = g(t) * f(t)$ 　交換律 $\qquad$ (6.4)

b) $[f(t) * g(t)] * h(t) = f(t) * [g(t) * h(t)]$ 　結合律 $\qquad$ (6.5)

a) の証明

$$f(t) * g(t) = \int_{-\infty}^{\infty} f(\tau)g(t-\tau)d\tau$$

ここで $t - \tau = u$ とおく.

$$= -\int_{\infty}^{-\infty} f(t-u)g(u)du$$

$$= \int_{-\infty}^{\infty} f(t-u)g(u)du = g(t) * f(t)$$

b) の証明については省略する.

フーリエ変換とは以下の関係がある.

$\mathcal{F}[f(t)] = F(\omega),\ \mathcal{F}[g(t)] = G(\omega)$ としたとき

c) $\mathcal{F}[f(t) * g(t)] = F(\omega)G(\omega)$

d) $\mathcal{F}[f(t)g(t)] = \dfrac{1}{2\pi}F(\omega) * G(\omega)$

c) の証明

$$\mathcal{F}[f(t) * g(t)] = \int_{-\infty}^{\infty} \left[\int_{-\infty}^{\infty} f(\tau)g(t-\tau)d\tau \right] e^{-i\omega t}dt$$

$$= \int_{-\infty}^{\infty} f(\tau) \left[\int_{-\infty}^{\infty} g(t-\tau)e^{-i\omega t}dt \right] d\tau$$

$$= \int_{-\infty}^{\infty} f(\tau)[G(\omega)e^{-i\omega \tau}]d\tau$$

$$= G(\omega) \int_{-\infty}^{\infty} f(\tau)e^{-i\omega \tau}d\tau = F(\omega)G(\omega)$$

d) の証明については省略する.

例題 6.1

次の関数のたたみこみ $h(t) = f(t) * g(t)$ を計算せよ.

$$f(t) = g(t) = \begin{cases} 1 & |t| \le 1 \\ 0 & |t| > 1 \end{cases}$$

解答

$$h(t) = f(t) * g(t) = \int_{-\infty}^{\infty} f(\tau)g(t-\tau)d\tau$$

横軸 τ として $f(\tau)$ と $g(t-\tau)$ を描く．$|t-\tau| \le 1$，すなわち $t-1 \le \tau \le t+1$ の範囲で $g(t-\tau)=1$ となる．

a) $t+1 < -1$ すなわち $t < -2$ のとき以下のようになる．

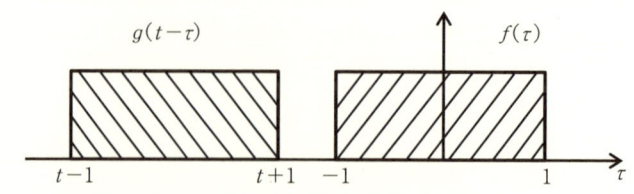

$g(t-\tau)$ と $f(\tau)$ が共に 1 となる（図で斜線部分が重なる）範囲はない．すなわち $g(t-\tau)$ と $f(\tau)$ のいずれかは必ず 0 であるため，$f(\tau)g(t-\tau)$ は τ によらず常に 0 となる．当然

$$h(t) = \int_{-\infty}^{\infty} f(\tau)g(t-\tau)d\tau = 0$$

となる．

b) $-1 \le t+1 < 1$ すなわち $-2 \le t < 0$ のとき以下のようになる．

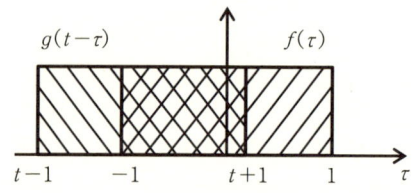

$g(t-\tau)$ と $f(\tau)$ が共に 1 となる（図で斜線部分が重なる）範囲は -1 から $t+1$ の範囲で，その他は 0 となる．したがって

$$h(t) = \int_{-1}^{t+1} d\tau = t+2$$

となる．

c) $-1 \le t-1 < 1$ すなわち $0 \le t < 2$ のとき以下のようになる．

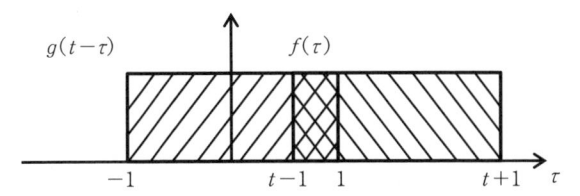

$g(t-\tau)$ と $f(\tau)$ が共に 1 となる（図で斜線部分が重なる）範囲は $t-1$ から 1 の範囲で，その他は 0 となる．したがって

$$h(t) = \int_{t-1}^{1} d\tau = -t+2$$

となる．

d) $1 \leq t-1$ すなわち $2 \leq t$ のとき以下のようになる．

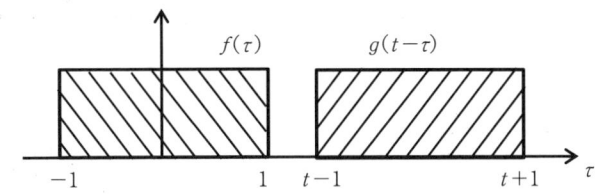

$g(t-\tau)$ と $f(\tau)$ が共に 1 となる（図で斜線部分が重なる）範囲はない．

$$h(t) = 0$$

となる．

まとめると以下となる．

$$h(t) = \begin{cases} 0 & (t < -2, 2 \leq t) \\ t+2 & (-2 \leq t < 0) \\ -t+2 & (0 \leq t < 2) \end{cases}$$

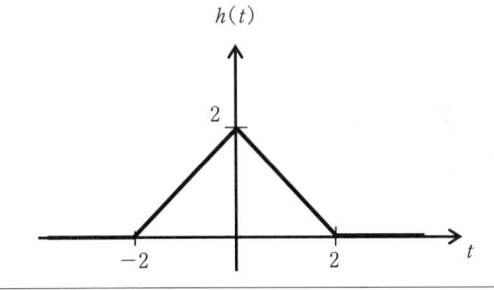

例題 6.2

次の関数のたたみこみ $h(t) = f(t) * g(t)$ を計算せよ.

$$f(t) = \begin{cases} 1 & (0 \leq t \leq 2) \\ 0 & (t < 0, 2 < t) \end{cases} \quad g(t) = \begin{cases} 1-t & (0 \leq t \leq 1) \\ 0 & (t < 0, 1 < t) \end{cases}$$

解答

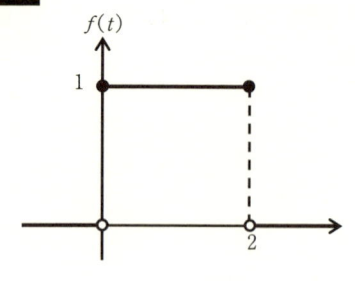

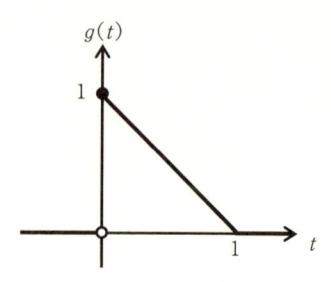

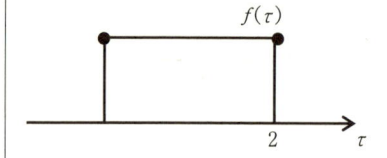

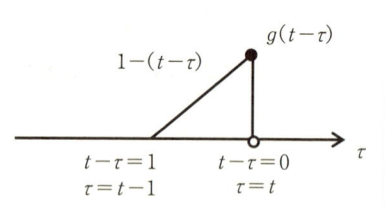

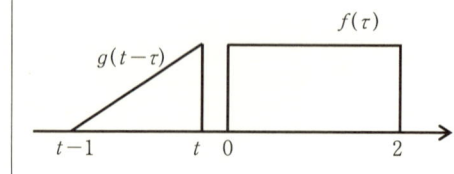

$t < 0$ のとき $h(t) = 0$

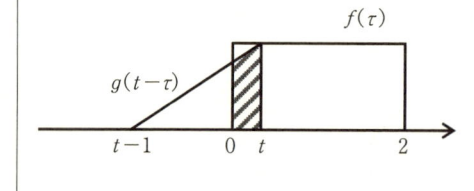

$0 \leq t$ かつ $t-1 < 0$

すなわち $0 \leq t < 1$ のとき

$$h(t) = \int_0^t 1-t+\tau\, d\tau$$

$$= \left[\tau - t\tau + \frac{1}{2}\tau^2 \right]_0^t$$

$$= t - t^2 + \frac{1}{2}t^2 = t - \frac{1}{2}t^2$$

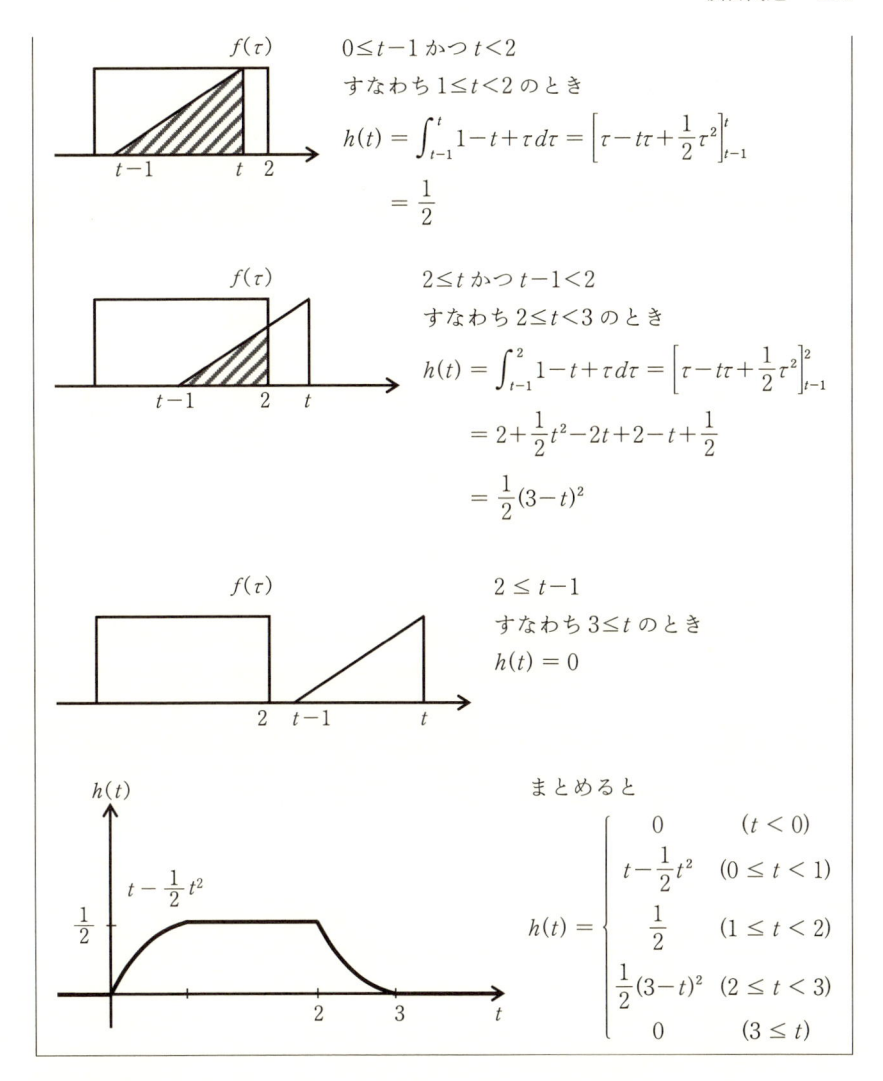

$0 \leq t-1$ かつ $t < 2$

すなわち $1 \leq t < 2$ のとき

$$h(t) = \int_{t-1}^{t} 1 - t + \tau\, d\tau = \left[\tau - t\tau + \frac{1}{2}\tau^2 \right]_{t-1}^{t}$$

$$= \frac{1}{2}$$

$2 \leq t$ かつ $t-1 < 2$

すなわち $2 \leq t < 3$ のとき

$$h(t) = \int_{t-1}^{2} 1 - t + \tau\, d\tau = \left[\tau - t\tau + \frac{1}{2}\tau^2 \right]_{t-1}^{2}$$

$$= 2 + \frac{1}{2}t^2 - 2t + 2 - t + \frac{1}{2}$$

$$= \frac{1}{2}(3-t)^2$$

$2 \leq t-1$

すなわち $3 \leq t$ のとき

$$h(t) = 0$$

まとめると

$$h(t) = \begin{cases} 0 & (t < 0) \\ t - \dfrac{1}{2}t^2 & (0 \leq t < 1) \\ \dfrac{1}{2} & (1 \leq t < 2) \\ \dfrac{1}{2}(3-t)^2 & (2 \leq t < 3) \\ 0 & (3 \leq t) \end{cases}$$

演習問題

(1)　次の関数のたたみこみ $h(t) = f(t) * g(t)$ を計算せよ.

(a)　$f(t) = g(t) = \begin{cases} 1 & 0 \leq t \leq a \\ 0 & t < 0, a < t \end{cases}$　ただし $a > 0$

(b) $f(t)=e^{-at}u(t), \ g(t)=u(t)$ ただし $a>0$

(c) $f(t)=u(t)\sin t, \ g(t)=e^{-t}u(t)$

(d) $f(t)=e^{-t}u(t), \ g(t)=tu(t)u(a-t)$ ただし $a>0$

第 7 章

線形時不変システム

　ある入力に対して，ある出力をする系をシステムと呼ぶ．前章で例に出した梁に加えた力を入力とし，梁の変位を出力としたり，水にお湯を注いだ際のお湯の量を入力とし，水の温度を出力としたり，様々な例が考えられる．

7.1　線形時不変

　線形とは任意の x, y に対して，

　　$f(ax+by) = af(x)+bf(y)$

が成り立つことである．

　例えば，ばねに加えた力を x，変位を $f(x)$ としたときの両者の関係は，ばね定数を k とすると $f(x)=kx$ となり，上記関係を満たす．他にも，抵抗に加えた電圧と流れる電流の関係など，1次式で表されるものが線形となる．一方，ばねの変位とばねに蓄えられたエネルギー，抵抗に加えた電圧と抵抗が消費する電力などは2次式で表されるため，線形ではない．

　時不変とは，入力を加える時間を T 秒ずらしたときに，出力も T 秒ずれ，同じ出力をすることである．数学的に表現すると

　　入力 $f(t)$，出力 $g(t)$ のとき

　　入力 $f(t-T)$，出力 $g(t-T)$

となることである．

7.2　微分方程式とフーリエ変換との関係

　図に示すようなばねにつながれた物体の運動は

$$m\frac{d^2g(t)}{dt^2}+\gamma\frac{dg(t)}{dt}+kg(t) = f(t) \tag{7.1}$$

と表される．

　一般化すると $f(t)$ を入力，$g(t)$ を出力として以下のような微分方程式で

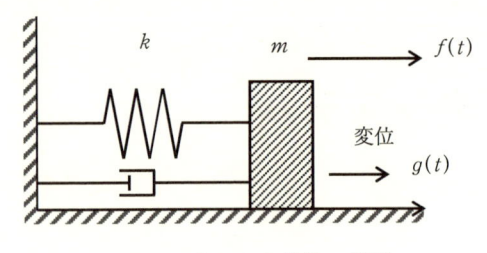

バネにつながれた物体の運動

表される.

$$a_n \frac{d^n g(t)}{dt^n} + a_{n-1} \frac{d^{n-1} g(t)}{dt^{n-1}} + \cdots + a_1 \frac{dg(t)}{dt} + a_0 g(t) = f(t) \tag{7.2}$$

このような微分方程式は線形時不変である.

この微分方程式を

$$\left[\frac{d}{dt} f(t) \right] = i\omega F(\omega) \tag{7.3}$$

の関係をつかって両辺をフーリエ変換する.

$$\begin{aligned} &a_n (i\omega)^n G(\omega) + a_{n-1} (i\omega)^{n-1} G(\omega) \\ &\quad + \cdots + a_1 (i\omega) G(\omega) + a_0 G(\omega) = F(\omega) \end{aligned} \tag{7.4}$$

$$\frac{G(\omega)}{F(\omega)} = \frac{1}{a_n (i\omega)^n + a_{n-1} (i\omega)^{n-1} + \cdots + a_1 (i\omega) + a_0} \tag{7.5}$$

ここで, $H(\omega)$ を

$$\frac{G(\omega)}{F(\omega)} = H(\omega) \tag{7.6}$$

と定義する.

$$G(\omega) = H(\omega) \cdot F(\omega) \tag{7.7}$$

となることから, 入力 $F(\omega)$ がわかると出力 $G(\omega)$ がわかる.

さらに $G(\omega)$ をフーリエ逆変換することで $g(t)$ を求めることができる.

$$g(t) = \frac{1}{2\pi} \int_{-\infty}^{\infty} H(\omega) F(\omega) e^{i\omega t} d\omega \tag{7.8}$$

また, $H(\omega)$ をフーリエ逆変換したものを $h(t)$ とする. この $h(t)$ はこのシステムの性質を表すものであり, 制御分野においては伝達関数と呼ばれ, 多用される.

フーリエ変換とたたみこみとの関係

$$\mathcal{F}[h(t) * f(t)] = H(\omega)F(\omega) \tag{7.9}$$

から，たたみこみでも求めることができる．つまり

$$g(t) = h(t) * f(t) = \int_{-\infty}^{\infty} h(\tau)f(t-\tau)d\tau \tag{7.10}$$

として計算可能である．

これらを時間領域（t の関数）と周波数領域（ω の関数）としてまとめると以下のようになる

時間領域

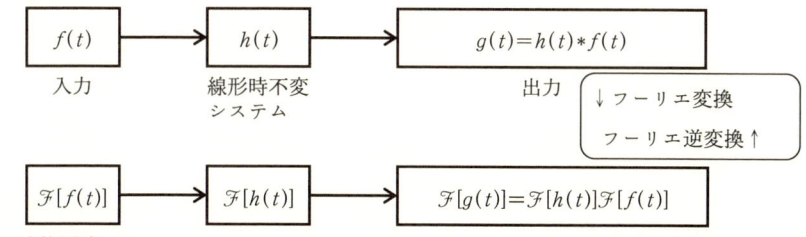

周波数領域

実際の振動解析，システム解析などにおいては，伝達関数 $h(t)$ が不明なことが多い．そこで，入力 $f(t)$ と出力 $g(t)$ の関係から $h(t)$ を求めるのだが，たたみこみの関係になっているため，求めるのは難しい．しかし，入力にデルタ関数が入力できれば

$$g(t) = [h(t) * \delta(t)] = \int_{-\infty}^{\infty} h(\tau)\delta(t-\tau)d\tau = h(t) \tag{7.11}$$

となり，出力 $g(t)$ がすなわち $h(t)$ となる．このため，振動解析などでは，測定対象物とハンマーに加速度センサを取り付けて，測定対象物をハンマーで叩き，デルタ関数に近い入力を与えることで，どのような応答をするかを測定し，伝達関数を求めることが広く行われている．

7.3　微分方程式への応用

関数の微分とフーリエ変換には以下の関係があることから，微分の操作が $i\omega$ によって置き換わる．そのため，変換公式などを利用することで，簡単に

微分方程式を解くことができる.

$$\left[\frac{d}{dt}f(t)\right] = i\omega F(\omega) \tag{7.3}$$

例題 7.1

$\dfrac{d^2 x(t)}{d^2 t} + 3\dfrac{dx(t)}{dt}(t) + 2x(t) = \delta(t)$ のとき $x(t)$ を求めなさい.

解答

両辺をフーリエ変換する.

$(i\omega)^2 X(\omega) + 3(i\omega) X(\omega) + 2X(\omega) = 1$

$$X(\omega) = \frac{1}{(i\omega)^2 + 3i\omega + 2} = \frac{1}{(i\omega+2)(i\omega+1)} = \frac{1}{(i\omega+1)} - \frac{1}{(i\omega+2)}$$

両辺を逆変換することで,

$x(t) = e^{-t}u(t) - e^{-2t}u(t)$

となる.

7.4 実際の応用例

7.4.1 振動の例

ここで,2階の微分方程式に具体的な関数を入力した場合の結果をフーリエ変換を利用して考えてみよう.微分方程式を直接解くことによる方法が一般的であり,振動などの分野でよく解かれる極めて一般的な問題である.これらについては,振動の教科書などを参考にされたい.

2階の微分方程式なので

$$a_2 \frac{d^2 g(t)}{d^2 t} + a_1 \frac{dg(t)}{dt} + a_0 g(t) = f(t) \tag{7.12}$$

と表される.ここで,イメージしやすいように 7.2 節で示した,ばねに繋がれた物体の運動を例として,説明していく.この系は,質量 m,減衰係数 γ,ばね定数 k として,以下の運動方程式で表される.

$$m \frac{d^2 x(t)}{d^2 t} + \gamma \frac{dx(t)}{dt} + kx(t) = f(t) \tag{7.13}$$

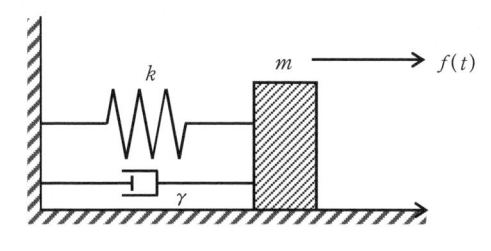

バネにつながれた物体の運動

ここで，両辺をフーリエ変換し，伝達関数を $h(t)$ とおくと，

$$H(\omega) = \frac{X(\omega)}{F(\omega)} = \frac{1}{m(i\omega)^2 + \gamma(i\omega) + k} \tag{7.14}$$

$$\mathcal{F}^{-1}[H(\omega)] = h(t) \tag{7.15}$$

$$x(t) = h(t) * f(t) \tag{7.16}$$

の関係となる．

　本書では，一般的なバネマスダンパ系の周波数応答が，どのような挙動をするかわかりやすく理解するために，フーリエ変換を行った例を挙げる．しかし，実際に工学的にこれらの微分方程式の検討を行うときは，フーリエ変換ではなく，ラプラス変換を使うことの方が一般的であり，より簡単にできる．

　この系に，様々な力を入力として加えた場合の変位を出力として簡単な場合から，説明していこう．

A. 質量 m が γ や k に比べて無視できるほど小さいとき，

$m=0$ として，

$$H(\omega) = \frac{X(\omega)}{F(\omega)} = \frac{1}{\gamma(i\omega) + k} \tag{7.17}$$

となる．

A1. $f(t)$ にデルタ関数を入力した場合

$\mathcal{F}[\delta(t)]=1$ より

$$X(\omega) = H(\omega)F(\omega) = H(\omega) = \frac{1}{i\gamma\omega + k} = \frac{1}{\gamma} \cdot \frac{1}{i\omega + \dfrac{k}{\gamma}} \tag{7.18}$$

逆変換して

$$x(t) = \frac{1}{\gamma}e^{-\frac{k}{\gamma}t}u(t) \tag{7.19}$$

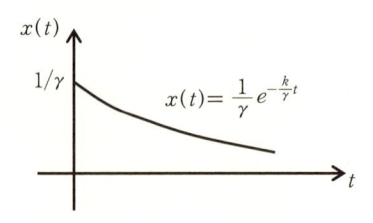

　重さがないため，デルタ関数が加わった瞬間に $1/\gamma$ だけ変位し，バネとダンパにより指数関数的に0に戻る

A2. $f(t)$ にヘヴィサイド関数を入力した場合

$\mathscr{F}[u(t)] = \pi\delta(\omega) + \dfrac{1}{i\omega}$ より

$$X(\omega) = \frac{1}{i\gamma\omega + k}\left[\pi\delta(\omega) + \frac{1}{i\omega}\right] = \pi\delta(\omega)\frac{1}{i\gamma\omega + k} + \frac{1}{i\gamma\omega + k}\frac{1}{i\omega}$$

$f(t)\delta(\omega) = f(0)\delta(\omega)$ なので

$$= \frac{\pi}{k}\delta(\omega) + \frac{1}{k}\left(\frac{1}{i\omega} - \frac{\gamma}{i\gamma\omega + k}\right) = \frac{1}{k}\left[\pi\delta(\omega) + \frac{1}{i\omega}\right] - \frac{1}{k}\frac{1}{i\omega + k/\gamma}$$

逆変換して

$$x(t) = \frac{1}{k}u(t) - \frac{1}{k}u(t)e^{-\frac{k}{\gamma}t} = \frac{u(t)}{k}\left[1 - e^{-\frac{k}{\gamma}t}\right] \tag{7.20}$$

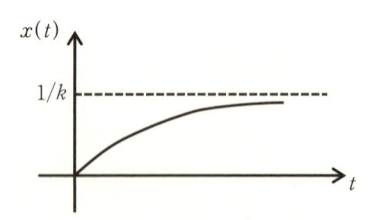

力が加わることにより，力とバネの張力が釣り合う $1/k$ の位置に向かって，指数関数的に近づいていく．

A3. $f(t)$ に $\cos \omega_0 t$ を入力した場合

$$\mathscr{F}[\cos \omega_0 t] = \pi[\delta(\omega - \omega_0) + \delta(\omega + \omega_0)]$$

$$X(\omega) = \frac{1}{i\gamma\omega + k}\pi[\delta(\omega - \omega_0) + \delta(\omega + \omega_0)]$$

$$= H(\omega_0)\pi\delta(\omega - \omega_0) + H(-\omega_0)\pi\delta(\omega + \omega_0) \tag{7.21}$$

$H(\omega_0)$ は定数であることに留意して逆変換すると，

$$x(t) = H(\omega_0)\frac{1}{2}e^{i\omega_0 t} + H(-\omega_0)\frac{1}{2}e^{-i\omega_0 t} \tag{7.22}$$

$$H(\omega_0) = \frac{1}{i\gamma\omega_0 + k} = \frac{k - i\gamma\omega_0}{\gamma^2\omega_0{}^2 + k^2} \tag{7.23}$$

これを極座標表示すると

$$H(\omega_0) = |H(\omega_0)|e^{-i\varphi} \tag{7.24}$$

ただし，

$$|H(\omega_0)| = \frac{1}{\sqrt{\gamma^2\omega_0{}^2 + k^2}} \tag{7.25}$$

$\omega_0 > 0, \gamma > 0$ であるので

$$\varphi = \tan^{-1}\frac{\gamma\omega_0}{k} \tag{7.26}$$

$$H(-\omega_0) = \frac{1}{-i\gamma\omega_0 + k} = \frac{k + i\gamma\omega_0}{\gamma^2\omega_0{}^2 + k^2} = |H(\omega_0)|e^{+i\varphi} \tag{7.27}$$

$$x(t) = |H(\omega_0)|\frac{e^{-i\varphi}e^{i\omega_0 t} + e^{+i\varphi}e^{-i\omega_0 t}}{2}$$

$$= |H(\omega_0)|\cos(\omega_0 t - \varphi) = \frac{1}{\sqrt{\gamma^2\omega_0{}^2 + k^2}}\cos(\omega_0 t - \varphi) \tag{7.28}$$

$|H(\omega_0)|$ が振幅に相当する．$|H(\omega_0)|$ の分母に ω_0 があるため，角振動数 ω_0 が大きくなるに従って，その振幅は小さくなる．

位相については，φ 分だけ遅れている．ω_0 が大きくなるのに従って，大きくなり，0 から $\frac{\pi}{2}$ の範囲で変化する

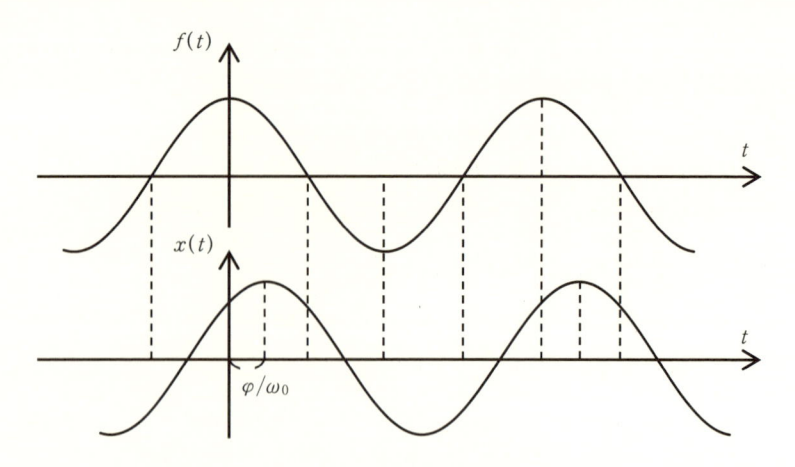

A4. $f(t)$ に下図のような周期 2π，振幅 1 の三角波を入力した場合

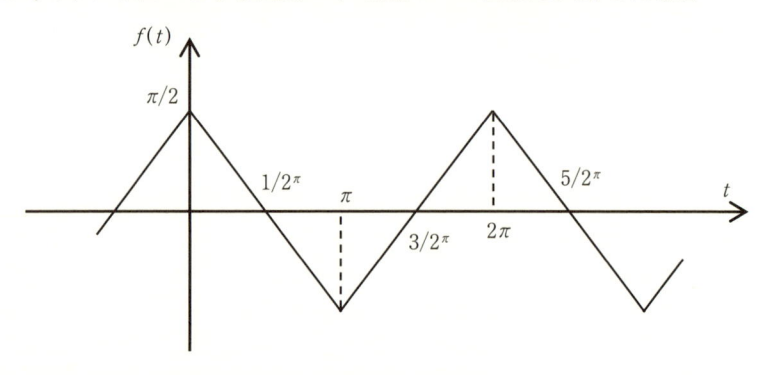

$f(t)$ は $-|t|+\pi/2\,(-\pi\leq t<\pi)$，周期 2π の関数.

複素フーリエ級数展開すると

$$c_0 = \frac{1}{2\pi}\int_{-\pi}^{\pi}-|t|+\frac{\pi}{2}dt = \frac{1}{2\pi}\cdot 2\int_0^{\pi}-t+\frac{\pi}{2}dt = 0 \tag{7.29}$$

$$c_n = \frac{1}{2\pi}\int_{-\pi}^{\pi}\left(-|t|+\frac{\pi}{2}\right)e^{-int}dt$$

$$= \frac{1}{2\pi}\left\{\int_{-\pi}^{0}\left(t+\frac{\pi}{2}\right)e^{-int}dt+\int_0^{\pi}\left(-t+\frac{\pi}{2}\right)e^{-int}dt\right\}$$

$$= \frac{1}{2\pi}\left[\left(t+\frac{\pi}{2}\right)\frac{e^{-int}}{-in}\right]_{-\pi}^{0}$$

$$-\int_{-\pi}^{0} \frac{e^{-int}}{-in}dt + \left[\left(-t+\frac{\pi}{2}\right)\frac{e^{-int}}{-in}\right]_{0}^{\pi} - \int_{0}^{\pi}(-1)\frac{e^{-int}}{-in}dt$$

$$= \frac{2-e^{-int}-e^{int}}{2\pi n^2} = \frac{1-(-1)^n}{\pi n^2} \tag{7.30}$$

$$f(t) = \sum_{\substack{n=-\infty \\ n\neq 0}}^{\infty} \frac{1-(-1)^n}{\pi n^2}e^{int} = \sum_{n=1}^{\infty} \frac{1-(-1)^n}{\pi n^2}(e^{int}+e^{-int})$$

$$= \sum_{n=1}^{\infty} \frac{1-(-1)^n}{\pi n^2}2\cos nt$$

n を $2l-1$ と $2l$ の場合に場合分けする.

$$= \sum_{l=1}^{\infty} \frac{4\cos(2l-1)t}{\pi(2l-1)^2} \tag{7.31}$$

$f(t)$ は様々な角周波数の cos の和となる.

$2l-1$ が式（7.28）の ω_0 に相当することに留意すると，

$$x(t) = \sum_{l=1}^{\infty} \frac{4}{\pi(2l-1)^2}\frac{1}{\sqrt{\gamma^2(2l-1)^2+k^2}}\cos\{(2l-1)t-\varphi\} \tag{7.32}$$

ただし，

$$\varphi = \tan^{-1}\frac{\gamma(2l-1)}{k} \tag{7.33}$$

グラフに表すと

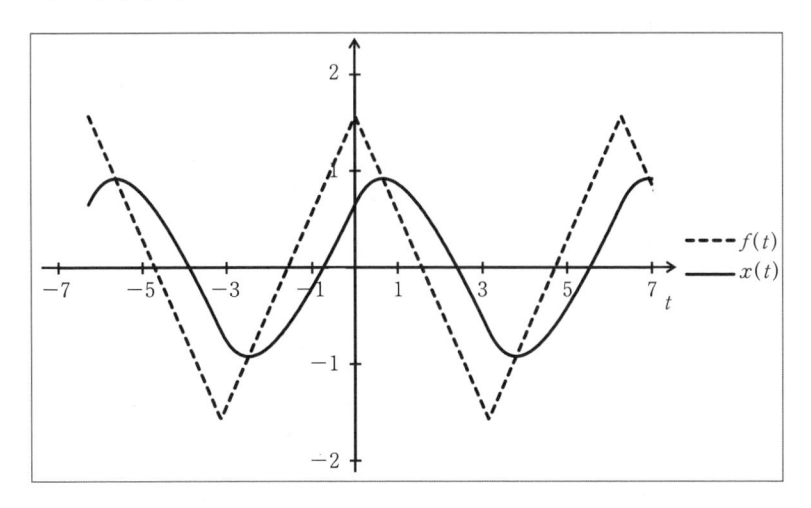

ここでは $\gamma=1$, $k=1$, l を 200 まで足した結果でプロットしてある．振幅が $|H(\omega_0)|$ 倍される．角振動数 ω_0 が大きくなるに従ってその振幅が小さくなるため，角振動数が大きい成分が伝わりにくくなる．そのため，三角波の尖った部分が丸くなり，三角関数に近くなる．位相については，入力に比べて遅れる．

B. γ が質量 m や k に比べて無視できるほど小さいとき

$\gamma=0$ として，

$$H(\omega) = \frac{1}{-m\omega^2+k} = \frac{1}{m}\frac{1}{-\omega^2+(\sqrt{k/m})^2} \tag{7.34}$$

となる．

B1. $f(t)$ にデルタ関数を入力した場合

$F(\omega)=1$ より

$$X(\omega) = H(\omega)F(\omega) = \frac{1}{m}\frac{1}{-\omega^2+(\sqrt{k/m})^2} = \sqrt{1/km}\frac{\sqrt{k/m}}{-\omega^2+(\sqrt{k/m})^2} \tag{7.35}$$

逆変換して

$$x(t) = \sqrt{1/km}\,\sin(\sqrt{k/m}\,t)u(t) \tag{7.36}$$

グラフに表すと

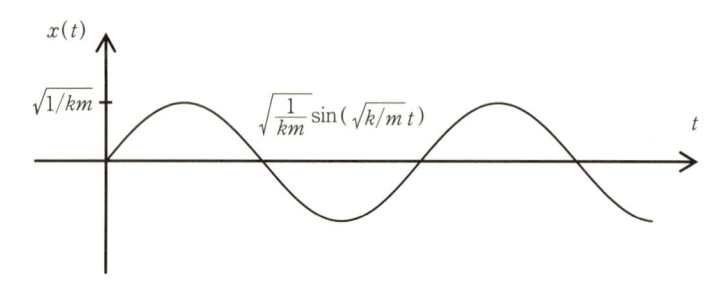

バネのついたおもりに衝撃力を加えた結果となるため，当然，単振動する．

B2. $f(t)$ にヘヴィサイド関数を入力した場合

$$\mathscr{F}[u(t)] = \pi\delta(\omega) + \frac{1}{i\omega} \ \text{より} \tag{7.37}$$

$$X(\omega) = \frac{1}{-m\omega^2 + k}\left[\pi\delta(\omega) + \frac{1}{i\omega}\right] = \frac{\pi}{k}\delta(\omega) + \frac{1}{i\omega} \cdot \frac{1}{-m\omega^2 + k}$$

$$= \frac{\pi}{k}\delta(\omega) + \frac{1}{k} \cdot \frac{1}{i\omega} - \frac{1}{k} \cdot \frac{i\omega}{-\omega^2 + k/m} \tag{7.38}$$

$\sqrt{k/m} = \omega_0$ とおく. 逆変換して

$$x(t) = \frac{1}{k}u(t) - \frac{1}{k}\cos\omega_0 t\, u(t) = \frac{1}{k}u(t)[1 - \cos\sqrt{k/m}\,t] \tag{7.39}$$

振幅 $1/k$ で, $1/k$ を中心とし, 角速度 $\sqrt{k/m}$ の三角関数となる.

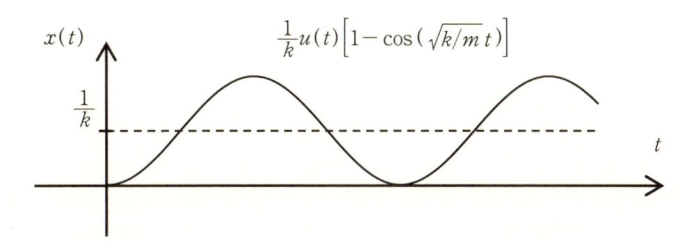

B3. $f(t)$ に $\cos\omega_0 t$ を入力した場合

A3 と同様である. ただし式 (7.23) が以下にかわる.

$$H(\omega_0) = \frac{1}{-m\omega_0{}^2 + k} \tag{7.40}$$

$H(\omega_0)$ は実数なので

$$|H(\omega_0)| = \frac{1}{|-m\omega_0{}^2 + k|} \tag{7.41}$$

$$\varphi = 0 \tag{7.42}$$

したがって

$$x(t) = \frac{1}{|-m\omega_0{}^2 + k|}\cos(\omega_0 t) \tag{7.43}$$

ここで $x(t)$ の振幅を考える. $|H(\omega_0)|$ が振幅に相当する. ここで, 分母の $-m\omega_0{}^2 + k$ は $\omega_0 = \sqrt{k/m}$ に近づいていくと 0 に近づく. すなわち振幅

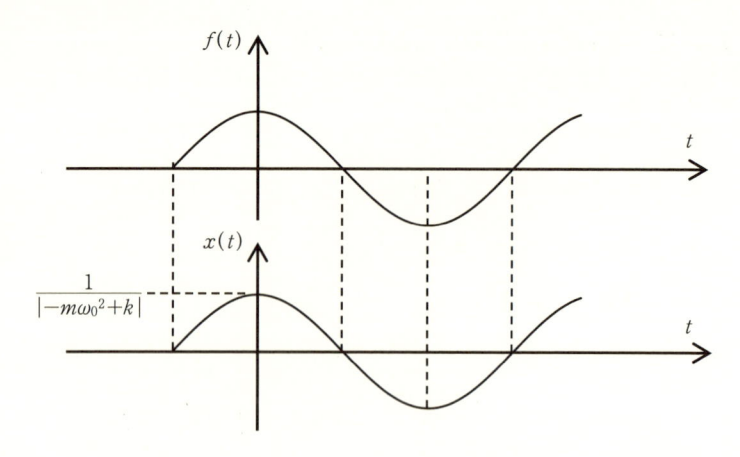

$|H(\omega_0)|$ は無限大となる．これは，この系の固有振動と同じ周期で力を加え続け，また減衰が無い場合と考えていることに由来する．

B4. $f(t)$ に A4 と同様に周期 2π，振幅 1 の三角波を入力した場合

式（7.31）と同様に

$$f(t) = \sum_{l=1}^{\infty} \frac{4}{\pi(2l-1)^2} \cos(2l-1)t$$

であるため，式（7.43）とあわせて

$$x(t) = \sum_{l=1}^{\infty} \frac{4}{\pi(2l-1)^2} \frac{1}{|-m(2l-1)^2+k|} \cos\{(2l-1)t\} \tag{7.44}$$

ここでは $m=2$，$k=1$，l を 200 まで足した結果でプロットしてある．振幅が $|H(\omega_0)|$ 倍される．角振動数 ω_0 が大きくなるのに従って $|H(\omega_0)|$ は増加し，$\sqrt{k/m}$ で極大値を持ち，その後小さくなる．角振動数が大きい成分が伝わりにくくなる．そのため，三角波の尖った部分が丸くなり，三角関数に近くなる．位相については，入力と同じとなる．

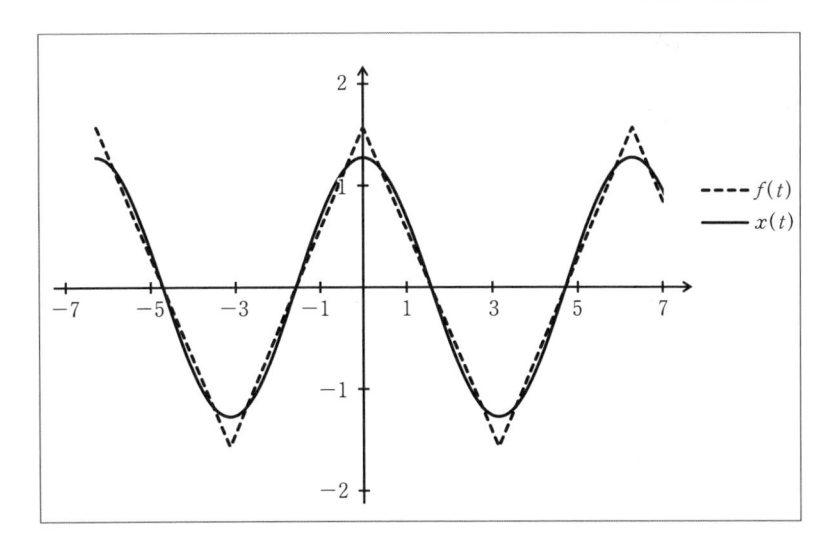

C. 質量 *m*, 粘性抵抗 *γ*, バネ *k* を全て考慮した場合

C1. *f*(*t*) にデルタ関数を入力した場合,

$\mathscr{F}[\delta(t)]=1$ より

$$X(\omega) = \frac{1}{-m\omega^2 + i\gamma\omega + k} = \frac{1}{m} \cdot \frac{1}{\left(i\omega + \dfrac{\gamma}{2m}\right)^2 + k - \dfrac{\gamma^2}{4m}} \tag{7.45}$$

以下, 場合分けして考えていく.

(a) $k - \dfrac{\gamma^2}{4m} > 0$ のとき $k - \dfrac{\gamma^2}{4m} = \omega_0^2$ とおく.

$$X(\omega) = \frac{1}{m} \cdot \frac{1}{\left(i\omega + \dfrac{\gamma}{2m}\right)^2 + \omega_0^2} \tag{7.46}$$

逆変換して

$$x(t) = \frac{1}{m} e^{-\frac{\gamma}{2m}} \sin\left(\sqrt{k - \frac{\gamma}{4m}}\, t\right) u(t) \tag{7.47}$$

これは振動しながら減衰していく, 減衰振動と呼ばれる状態である.

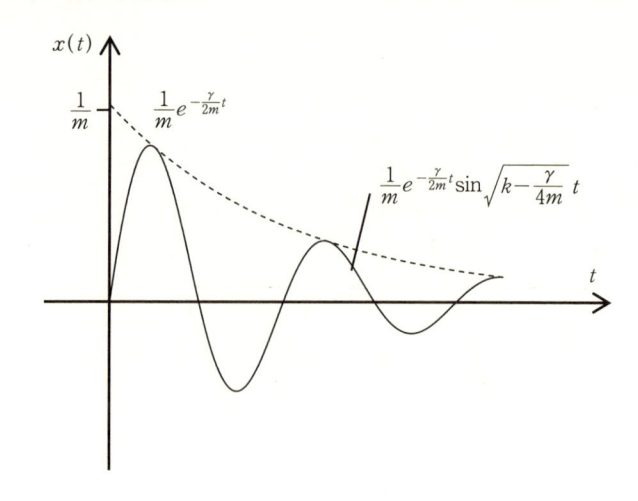

(b)　$k - \dfrac{\gamma^2}{4m} < 0$ のとき

$$X(\omega) = \cfrac{1}{m\left(i\omega + \dfrac{\gamma + \sqrt{\gamma^2 - 4mk}}{2m}\right)\left(i\omega + \dfrac{\gamma - \sqrt{\gamma^2 - 4mk}}{2m}\right)}$$

$$= \cfrac{1}{\sqrt{\gamma^2 - 4mk}}\left\{\cfrac{1}{i\omega - \dfrac{\gamma - \sqrt{\gamma^2 - 4mk}}{2m}} - \cfrac{1}{i\omega + \dfrac{\gamma + \sqrt{\gamma^2 - 4mk}}{2m}}\right\}$$

$$\text{(7.48)}$$

逆変換すると

$$x(t) = \frac{1}{\sqrt{\gamma^2 - 4mk}}\left\{e^{-\frac{\gamma - \sqrt{\gamma^2 - 4mk}}{2m}t} - e^{-\frac{\gamma + \sqrt{\gamma^2 - 4mk}}{2m}t}\right\}u(t)$$

これは振動しないで 0 に近づいていく，過減衰と呼ばれる状態である．

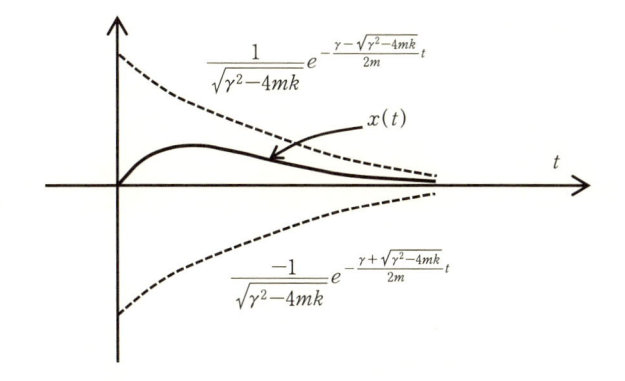

(c) $k - \dfrac{r^2}{4m} = 0$ のとき

$$X(\omega) = \frac{1}{m} \cdot \frac{1}{\left(i\omega + \dfrac{\gamma}{2m}\right)^2} \tag{7.49}$$

逆変換して

$$x(t) = \frac{1}{m} t e^{-\frac{\gamma}{2m}t} u(t) \tag{7.50}$$

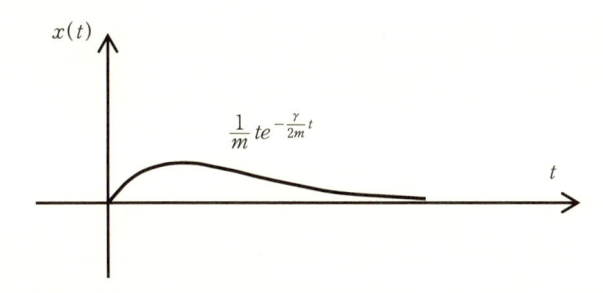

これは臨界減衰と呼ばれる状態である.

　微分方程式を直接解くことによって求められる，振動減衰，過減衰，臨界減衰と同様の解となることが確認できると思う．これらについては，他の教科書などを参考にされたい.

C2. $f(t)$ に $\cos \omega_0 t$ を入力した場合

B3 と同様に

$$H(\omega_0) = \frac{1}{-m\omega_0^2 + i\gamma\omega_0 + k} = \frac{(-m\omega_0^2 + k) - i\gamma\omega_0}{(-m\omega_0^2 + k)^2 + \gamma^2\omega_0^2} \tag{7.51}$$

$$|H(\omega_0)| = \frac{1}{(-m\omega_0^2 + k)^2 + \gamma^2\omega_0^2} \tag{7.52}$$

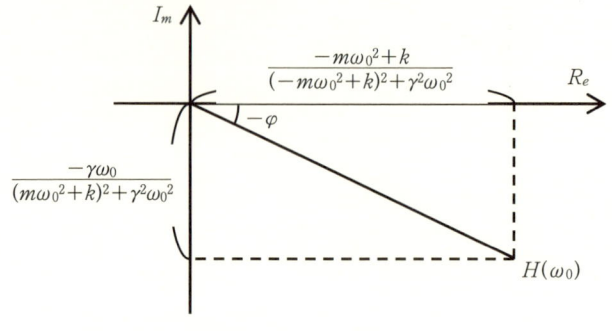

$$\varphi = \tan^{-1} \frac{-\gamma\omega_0}{-m\omega_0^2 + k}$$

したがって

$$x(t) = \frac{1}{(-m\omega_0^2 + k)^2 + \gamma^2\omega_0^2} \cos(\omega_0 t - \varphi) \tag{7.53}$$

ただし

$$\varphi = \tan^{-1} \frac{\gamma\omega_0}{-m\omega_0^2 + k} \tag{7.54}$$

となり，振幅が $|H(\omega_0)|$ 倍，位相 φ だけ遅れた cos 波となる．

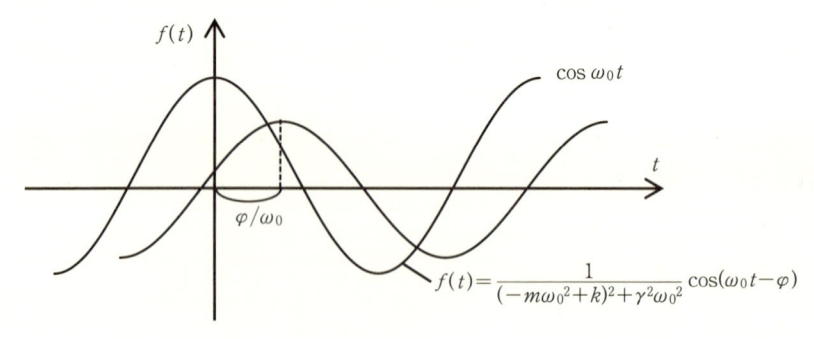

C3. $f(t)$ に A4 と同様に周期 2π, 振幅 1 の三角波を入力した場合

式 (7.51) に式 (7.31) を代入して

$$x(t) = \sum_{l=1}^{\infty} \frac{4}{\pi(2l-1)^2} \frac{1}{\{-m(2l-1)^2+k\}^2+\gamma^2(2l-1)^2} \cos\{(2l-1)t-\varphi\}$$

(7.55)

ただし,

$$\varphi = \tan^{-1} \frac{\gamma(2l-1)}{-m(2l-1)^2+k}$$

(7.56)

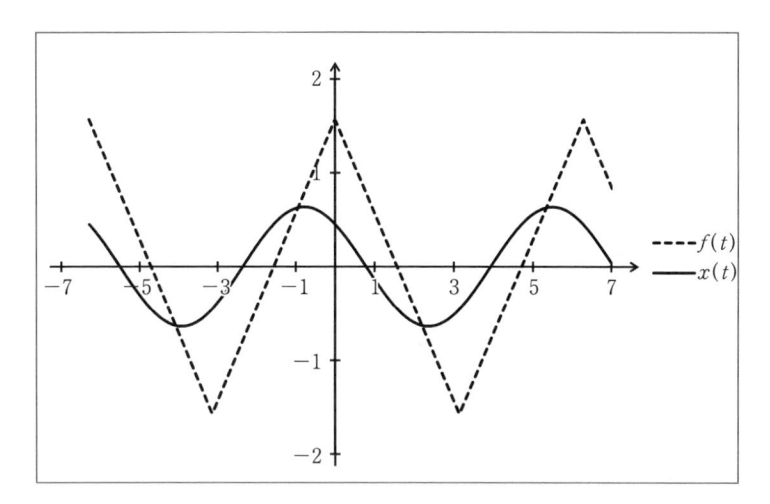

ここでは $m=2$, $\gamma=1$, $k=1$, m を 200 まで足した結果でプロットしてある. 角振動数 ω_0 が大きくなるのに従ってその振幅が減少するため, 角振動数が大きい成分が伝わりにくくなる. そのため, 三角波の尖った部分が丸くなり, 三角関数に近くなる.

例題 7.1

力 $f(t)$ に衝撃力 (デルタ関数) を加えた場合の物体の変位 $x(t)$ が $h(t)$ と表された. ここで $f(t)$ に 1 の力を $t=0$ より加えた場合, つまりヘヴィサイド関数 $u(t)$ を加えた場合の $x(t)$ を求めよ. さらに具体的に $h(t)$ が $(e^{-t}+3e^{-3t})u(t)$ であったときの $x(t)$ を求めよ.

解答

δ関数を加えた変位が $h(t)$ であるのでシステム伝達関数は $h(t)$ である. そのため, 求める $x(t)$ は

$$x(t) = [h(t) * u(t)] = \int_0^t h(\tau)d\tau$$

となる.

$h(t)$ が $(e^{-t}+3e^{-3t})u(t)$ であった場合は

$$x(t) = \int_0^t (e^{-\tau}+3e^{-3\tau})u(\tau)d\tau = 2-e^{-t}-e^{-3t}$$

となる.

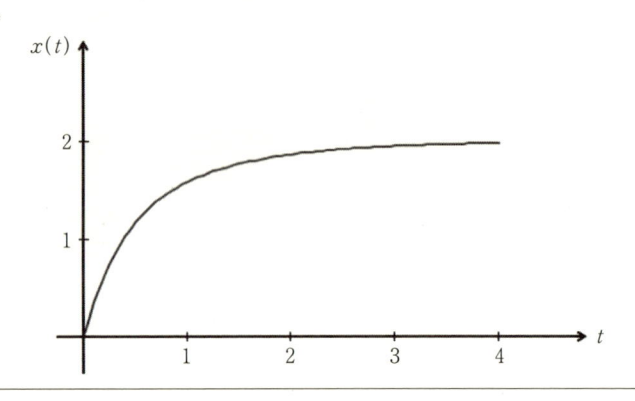

7.4.2　電気回路の例

以下の回路がある. $x(t)$ にデルタ関数を入力した際の $y(t)$ を求める.

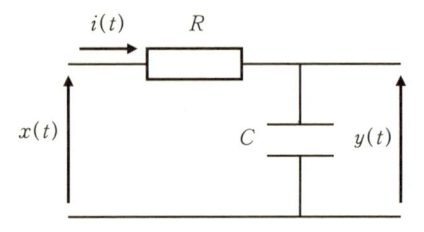

キャパシタンスに流れる電流と電圧より

$$i(t) = C\frac{dy(t)}{dt} \tag{7.57}$$

抵抗に流れる電流と入力電圧より

$$x(t) = Ri(t) + y(t) \tag{7.58}$$

したがって,

$$CR\frac{dy(t)}{dt} + y(t) = x(t) \tag{7.59}$$

両辺をフーリエ変換して

$$CR(i\omega)Y(\omega) + Y(\omega) = X(\omega) \tag{7.60}$$

$x(t)$ がデルタ関数であるので $X(\omega)=1$. したがって,

$$Y(\omega) = \frac{1}{CRi\omega + 1} = \frac{1}{CR}\frac{1}{i\omega + \dfrac{1}{CR}} \tag{7.61}$$

$$y(t) = \frac{1}{CR}e^{-\frac{t}{CR}}u(t) \tag{7.62}$$

演習問題

(1)　次の微分方程式をフーリエ変換を用いて解け

(a)　$\dfrac{dx(t)}{dt}(t) + 3x(t) = \delta(t)$

(b)　$\dfrac{dx(t)}{dt}(t) + 3x(t) = u(t)$

(2)　線形システムにインパルス（δ 関数）を入力した結果, その出力は $h(t)$ $= e^{-t}u(t)$ となった.

(a)　フーリエ変換したシステム伝達関数 $H(\omega)$ を求めよ.

(b)　このシステムにインパルスを $t=0$ と $t=t_0$（ただし $t_0 > 0$）の2回入力したときの出力を求めよ.

(c)　入力を $f(t) = 3u(t)$ とした場合の出力を求めよ.

(d)　このシステムに $f(t) = u(t)\sin t$ を入力したときの出力を求めよ.

(3)　線形時不変システムがある. ある入力 $f(t)$ をこのシステムに入力したときの出力を $g(t)$ とする. $f(t) = e^{-t}u(t)$ を入力したとき, $g(t) = (2e^{-t} - 2e^{-3t})u(t)$ であった.

(a) $f(t)$ と $g(t)$ との関係を微分方程式で表せ.

(b) $f(t)=\delta(t)+\delta(t-t_0)$ (ただし, $t_0>0, \delta(t)$ はデルタ関数) を入力した場合の出力 $g(t)$ をグラフに示せ.

(c) $f(t)=u(t)-u(t-a)$, ただし $a>0$ としたときの出力 $g(t)$ をグラフに示せ.

演習問題解答

第2章

(1) (a) $-i = e^{i\left(\frac{3}{2}+2n\right)\pi}$　ただし，n は整数

$$\sqrt{-i} = e^{i\left(\frac{3}{4}+n\right)\pi} = e^{i\frac{3}{4}\pi}, e^{i\frac{7}{4}\pi} = -\frac{1}{\sqrt{2}}+\frac{1}{\sqrt{2}}i,\ \frac{1}{\sqrt{2}}-\frac{1}{\sqrt{2}}i$$

(b) $1 = e^{i2n\pi}$　ただし，n は整数

$$\sqrt[6]{1} = e^{i\frac{n}{3}\pi} = 1, e^{i\frac{1}{3}\pi}, e^{i\frac{2}{3}\pi}, -1, e^{i\frac{4}{3}\pi}, e^{i\frac{5}{3}\pi}$$

$$= 1, \frac{1}{2}+\frac{\sqrt{3}}{2}i, -\frac{1}{2}+\frac{\sqrt{3}}{2}i, -1, -\frac{1}{2}-\frac{\sqrt{3}}{2}i, \frac{1}{2}-\frac{\sqrt{3}}{2}i$$

(c) $1+i = \sqrt{2}\left(\frac{1}{\sqrt{2}}+\frac{1}{\sqrt{2}}i\right) = \sqrt{2}\left(\cos\frac{\pi}{4}+i\sin\frac{\pi}{4}\right) = \sqrt{2}e^{i\frac{\pi}{4}}$

$$(1+i)^n = \sqrt{2}^n\left(\frac{1}{\sqrt{2}}+\frac{1}{\sqrt{2}}i\right)^n = \sqrt{2}^n\left(\cos\frac{n\pi}{4}+i\sin\frac{n\pi}{4}\right) = \sqrt{2}^n e^{i\frac{n\pi}{4}}$$

(d) $\ln(-2) = x+iy$ とおく．

$$e^x e^{iy} = -2$$

複素平面で考えると，実数部分が原点からの距離，虚数部分が複素平面上の角度を決めることから

$$e^x = 2,\ x = \ln 2$$

$$e^{iy} = -1,\ y = (2n+1)\pi\quad \text{ただし } n \text{ は整数}$$

したがって，

$$\ln(-2) = \ln 2 + i(2n+1)\pi$$

(2) (a)

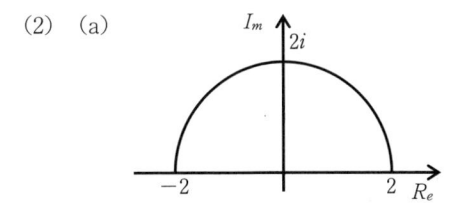

(b)　　$\cos\theta e^{i\theta} = \dfrac{e^{i\theta}+e^{-i\theta}}{2}e^{i\theta} = \dfrac{1}{2}+\dfrac{1}{2}e^{2i\theta}$

したがって $1/2$ を中心とする半径 $1/2$ の円.

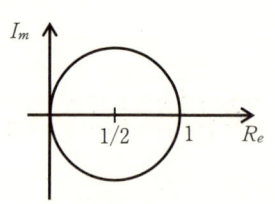

(c)　　$\sin\theta e^{i\theta} = \dfrac{e^{i\theta}-e^{-i\theta}}{2i}e^{i\theta}$

$\qquad\qquad = \dfrac{(e^{i\theta}-e^{-i\theta})e^{i\theta}}{2i}$

$\qquad\qquad = \dfrac{1}{2}e^{2i\theta}\cdot\dfrac{1}{i}+\dfrac{i}{2} = \dfrac{1}{2}e^{i\left(2\theta-\frac{\pi}{2}\right)}+\dfrac{i}{2}$

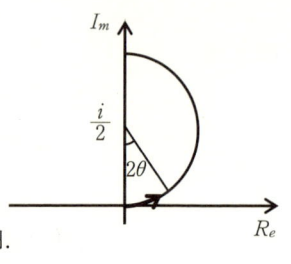

$\dfrac{1}{2}i$ を中心に $0+0i$ から i に動く半径 $\dfrac{1}{2}$ の円.

(3)　(a)　$2e^{i\frac{1}{3}\pi}$.

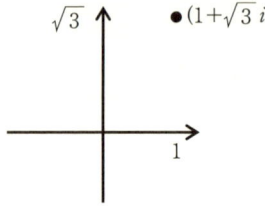

(b)　　$\dfrac{\sqrt{3}-i}{\sqrt{3}+i} = \dfrac{(\sqrt{3}-i)^2}{4} = \dfrac{1}{2}-\dfrac{\sqrt{3}}{2}i = e^{i\frac{5}{3}\pi}$

(4)　(a)　$\sin t$ の周期が 2π, $\cos 2t$ の周期が π であるので, $f(t)$ の周期は 2π.

(b)　　$f(t) = \sin t \cos 2t = \dfrac{1}{2}(\sin 3t - \sin t)$

したがって $f(t)$ の周期は 2π.

(5)　(a)　$f(-t) = -t = -f(t)$　奇関数

(b)　　$f(-t) = |-t| = |t| = f(t)$　偶関数

(c)　　$f(-t) = \sin((-t)^2) = \sin(t^2) = f(t)$　偶関数

(6)　(a)

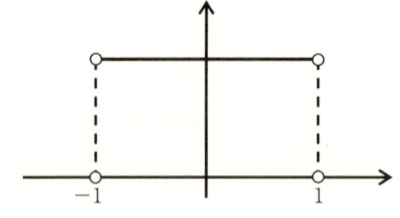

(b)

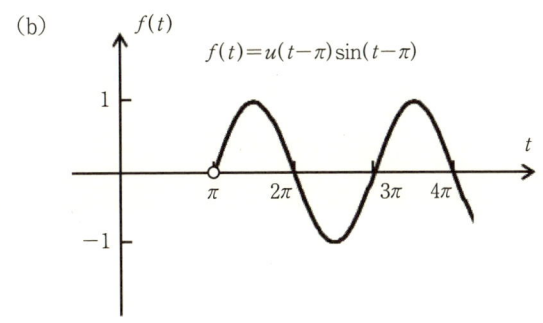

$$f(t) = u(t-\pi)\sin(t-\pi)$$

(c)

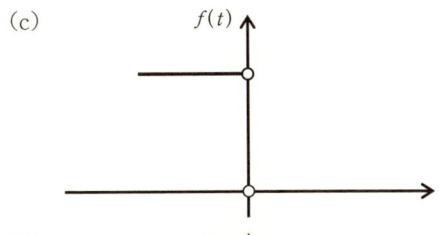

(d)

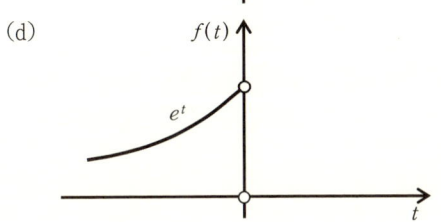

(7) (a) $(t+2)u'(t) = (t+2)\delta(t) = \begin{cases} \infty & (t=0) \\ 0 & (t \neq 0) \end{cases}$

(b) $\displaystyle\int_{-\infty}^{-\infty}(t+2)u'(t)dt = \int_{-\infty}^{-\infty}(t+2)\delta(t)dt = 2$

$t=0$ のとき $t+2=2$ であることから

(c)   ヘヴィサイド関数が 1 になるのは $-t^2+4 \geqq 0$, すなわち $-2 \leqq t \leqq 2$

$$\int_{-\infty}^{\infty}u(-t^2+4)dt = \int_{-2}^{2}1\,dt = 4$$

(d) $u[\delta(t)-1] = \begin{cases} 0 & (t \neq 0) \\ 1 & (t=0) \end{cases}$ であるため, $\displaystyle\int_{-\infty}^{\infty}u[\delta(t)-1]dt = 0$

(8) $y(t) = [u(t-a)-u(t-b)]t$

第 3 章

(1)　(a)　$\displaystyle a_0 = \frac{1}{\pi}\int_{-\pi}^{\pi} f(t)dt = \frac{1}{\pi}\int_0^{\pi} t\,dt = \frac{\pi}{2}$

$\displaystyle a_n = \frac{1}{\pi}\int_{-\pi}^{\pi} f(t)\cos nt\,dt = \frac{1}{\pi}\int_0^{\pi} t\cos nt\,dt$

$\displaystyle \qquad = \frac{1}{n\pi}[t\sin nt]_0^{\pi} - \frac{1}{n\pi}\int_0^{\pi}\sin nt\,dt = \frac{1}{n\pi}\pi\sin n\pi + \frac{1}{n^2\pi}[\cos nt]_0^{\pi}$

$\sin n\pi = 0$ なので

$\displaystyle \qquad = \frac{\cos n\pi - 1}{n^2\pi}$

$\cos n\pi = (-1)^n$ なので

$\displaystyle \qquad = \frac{(-1)^n - 1}{n^2\pi}$

$\displaystyle b_n = \frac{1}{\pi}\int_0^{\pi} t\sin nt\,dt = \frac{1}{n\pi}[-t\cos nt]_0^{\pi} + \frac{1}{n\pi}\int_0^{\pi}\cos nt\,dt$

$\displaystyle \qquad = -\frac{\cos n\pi}{n} = -\frac{(-1)^n}{n} = \frac{(-1)^{n+1}}{n}$

$\displaystyle f(t) = \frac{\pi}{4} + \sum_{n=1}^{\infty}\left\{\frac{(-1)^n - 1}{n^2\pi}\cos nt + \frac{(-1)^{n+1}}{n}\sin nt\right\}$

(b)　$f(t)$ は偶関数.

$\displaystyle a_0 = \frac{1}{\pi}\int_{-\pi}^{\pi} f(t)dt = \frac{2}{\pi}\int_0^{\pi}(\pi - t)dt = \pi$

$\displaystyle a_n = \frac{1}{\pi}\int_{-\pi}^{\pi} f(t)\cos nt\,dt = \frac{2}{\pi}\int_0^{\pi}(\pi - t)\cos nt\,dt$

$\displaystyle \qquad = \frac{2}{\pi}\left\{\pi\int_0^{\pi}\cos nt\,dt - \int_0^{\pi} t\cos nt\,dt\right\}$

$\displaystyle \qquad = -\frac{2}{\pi}\left\{\left[\frac{t\sin nt}{n}\right]_0^{\pi} - \int_0^{\pi}\frac{\sin nt}{n}dt\right\} = -\frac{2}{\pi}\left\{\frac{\pi\sin n\pi}{n} + \left[\frac{\cos n\pi}{n}\right]_0^{\pi}\right\}$

$\sin n\pi = 0$ なので

$\displaystyle \qquad = -\frac{2}{\pi}\frac{\cos n\pi - 1}{n^2} = \frac{2(1 - (-1)^n)}{n^2\pi}$

$\displaystyle b_n = \frac{1}{\pi}\int_{-\pi}^{\pi} f(t)\sin nt\,dt$

$f(t)\sin nt$ は奇関数なので

$\displaystyle \qquad = 0$

$$f(t) = \frac{\pi}{2} + \sum_{n=1}^{\infty} \frac{2(1-(-1)^n)}{n^2\pi} \cos nt$$

$n = 2m-1$ と $n = 2m$ で場合分けして

$$= \frac{\pi}{2} + \sum_{m=1}^{\infty} \frac{4}{(2m-1)^2\pi} \cos(2m-1)t$$

(c)　$a_0 = \dfrac{1}{\pi} \displaystyle\int_0^\pi \sin t \, dt = \dfrac{2}{\pi}$

$$a_n = \frac{1}{\pi} \int_0^\pi \sin t \cos nt \, dt = \frac{1}{2\pi} \int_0^\pi \sin(n+1)t - \sin(n-1)t \, dt$$

$$= \begin{cases} 0 & (n=1) \\ \dfrac{-1}{\pi} \dfrac{(-1)^n+1}{(n-1)(n+1)} & (n \geq 2) \end{cases}$$

$$b_n = \frac{1}{\pi} \int_0^\pi \sin t \sin nt \, dt = \frac{1}{2\pi} \int_0^\pi \cos(n+1)t + \cos(n-1)t \, dt$$

$$= \begin{cases} \dfrac{1}{2} & (n=1) \\ 0 & (n \geq 2) \end{cases}$$

以上まとめて，

$$f(t) = \frac{1}{\pi} + \frac{1}{2}\sin t - \sum_{n=2}^{\infty} \frac{1}{\pi} \frac{(-1)^n+1}{(n-1)(n+1)} \cos nt$$

$$= \frac{1}{\pi} + \frac{1}{2}\sin t - \frac{2}{\pi} \sum_{n=1}^{\infty} \frac{1}{(2n-1)(2n+1)} \cos 2nt$$

(d)　奇関数なので

$$a_0 = a_n = 0$$

$$b_n = \int_{-1}^0 -e^t \sin n\pi t \, dt + \int_0^1 e^t \sin n\pi t \, dt = 2 \int_0^1 e^t \sin n\pi t \, dt$$

$$= 2\left\{ \left[e^t \frac{-\cos n\pi t}{n\pi} \right]_0^1 + \int_0^1 e^t \frac{\cos n\pi t}{n\pi} \, dt \right\}$$

$$= 2\left\{ \frac{\cos 0 - e \cos n\pi}{n\pi} + \left[e^t \frac{\sin n\pi t}{n^2\pi^2} \right]_0^1 - \frac{1}{n^2\pi^2} \int_0^1 e^t \sin n\pi t \, dt \right\}$$

$$= 2\left(\frac{1 - e\cos n\pi}{n\pi} - \frac{1}{2n^2\pi^2} b_n \right) = \frac{2 - 2e(-1)^n}{n\pi} - \frac{1}{n^2\pi^2} b_n$$

$$b_n = \frac{2n\pi}{n^2\pi^2+1}(1 - e(-1)^n)$$

したがって，

$$f(x) = \sum_{n=1}^{\infty} \left(\frac{2n\pi}{n^2\pi^2+1}(1-e(-1)^n)\sin n\pi t \right)$$

(2) 以下のようになる.

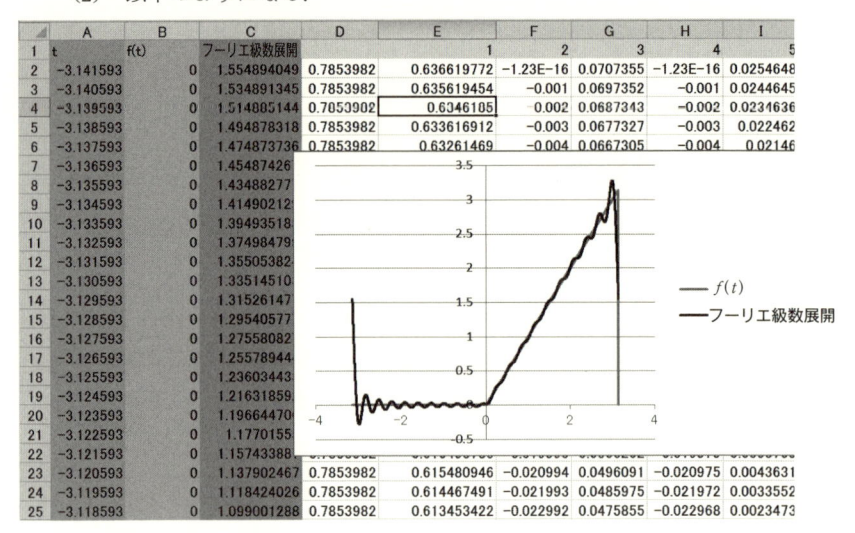

(3) 計算例は以下のようになる.

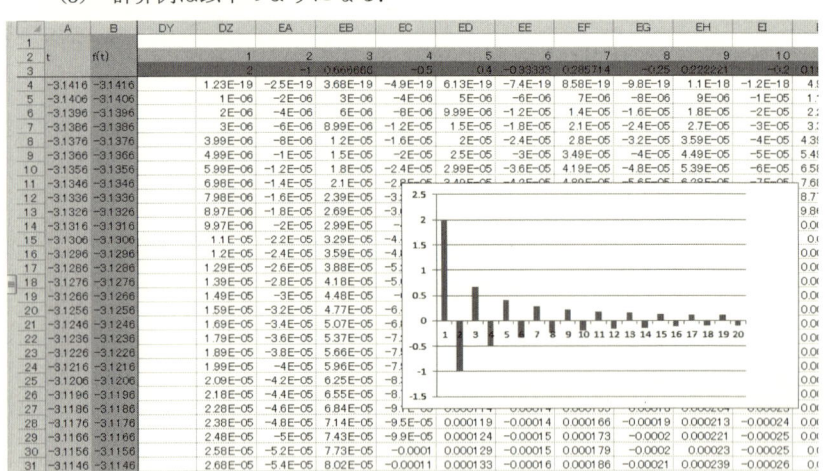

b_n の数値データ（数値解析の結果）と解析解との比較

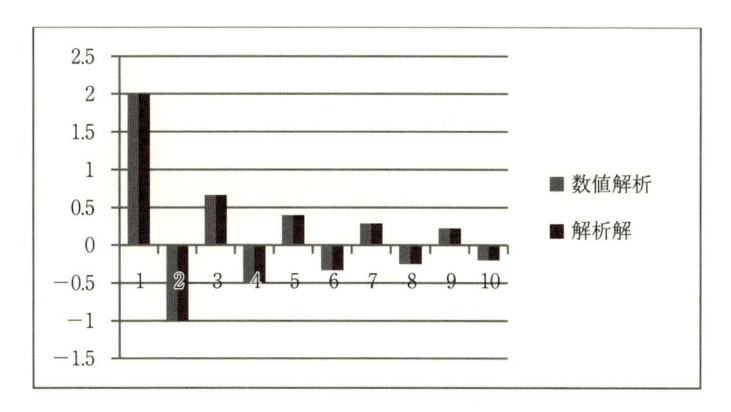

第 4 章

(1)　(a)　$n=0$ のとき

$$c_0 = \frac{1}{2\pi}\int_{-\pi}^{\pi} f(t)dt = \frac{1}{2\pi}\int_0^\pi 1\,dt = \frac{1}{2}$$

$n \neq 0$ のとき

$$c_n = \frac{1}{2\pi}\int_0^\pi e^{-int}dt = \frac{1}{-in2\pi}[e^{-int}]_0^\pi = \frac{i}{2\pi n}(e^{-in\pi}-1)$$

$$= \frac{i}{2\pi n}\{(-1)^n - 1\}$$

$$f(t) = \frac{1}{2} + \sum_{\substack{n=-\infty \\ n\neq 0}}^{\infty} \frac{i}{2\pi n}\{(-1)^n-1\}e^{int}$$

$n=2m-1$ のとき $(-1)^n-1=-2$,

$n=2m$ のとき $(-1)^n-1=0$ なので

$$= \frac{1}{2} - \frac{i}{\pi}\sum_{m=-\infty}^{\infty} \frac{1}{(2m-1)}e^{i(2m-1)t}$$

(b)　$$c_n = \frac{1}{2\pi}\int_{-\pi}^0 (\pi+t)e^{-int}dt + \frac{1}{2\pi}\int_0^\pi (\pi-t)e^{-int}dt$$

$$= \frac{1}{2\pi}\int_{-\pi}^\pi \pi e^{-int}dt + \frac{1}{2\pi}\int_{-\pi}^0 te^{-int}dt + \frac{1}{2\pi}\int_0^\pi -te^{-int}dt$$

$n=0$ のとき

$$c_0 = \frac{1}{2\pi}\int_{-\pi}^\pi \pi\,dt + \frac{1}{2\pi}\int_{-\pi}^0 t\,dt - \frac{1}{2\pi}\int_0^\pi t\,dt = \frac{\pi}{2}$$

$n \neq 0$ のとき

$$c_n = \frac{1}{2\pi}\left\{\left[\frac{t}{-in}e^{-int}\right]_{-\pi}^{0} - \int_{-\pi}^{0}\frac{1}{-in}e^{-int}dt + \left[\frac{-t}{-in}e^{-int}\right]_{0}^{\pi}\right.$$
$$\left. - \int_{0}^{\pi}\frac{-1}{-in}e^{-int}dt\right\}$$

$$= \frac{1}{2\pi}\left\{\frac{\pi(e^{in\pi}-e^{-in\pi})}{-in} + \frac{e^{+in\pi}+e^{-in\pi}-2}{-n^2}\right\}$$

$e^{-in\pi}=e^{in\pi}=(-1)^n$ なので

$$= \frac{1}{\pi n^2}\{1-(-1)^n\}$$

$$f(t) = \frac{\pi}{2} + \frac{1}{\pi}\sum_{\substack{n=-\infty\\n\neq 0}}^{\infty}\frac{1-(-1)^n}{n^2}e^{int}$$

$n=\begin{cases}2m-1\\2m\end{cases}$ で場合分けする

$$f(t) = \frac{\pi}{2} + \frac{2}{\pi}\sum_{m=-\infty}^{\infty}\frac{1}{(2m-1)^2}e^{i(2m-1)t}$$

(c)　$$c_n = \frac{1}{2\pi}\int_{0}^{\pi}\frac{e^{it}-e^{-it}}{2i}e^{-int}dt = \frac{1}{4i\pi}\int_{0}^{\pi}e^{-i(n-1)t}-e^{-i(n+1)t}dt$$

$n\neq\pm 1$ のとき

$$= \frac{1}{4i\pi}\left[\frac{-e^{-i(n-1)t}}{i(n-1)} + \frac{e^{-i(n+1)t}}{i(n+1)}\right]_{0}^{\pi}$$

$$= \frac{1}{-4\pi}\left[\frac{-e^{-i(n-1)\pi}+1}{n-1} + \frac{e^{-i(n+1)\pi}-1}{n+1}\right]$$

$e^{-i(n-1)\pi}=e^{-i(n+1)\pi}=-(-1)^n$ なので

$$= \frac{1}{-4\pi}\left\{\frac{(-1)^n+1}{n-1} + \frac{-(-1)^n-1}{n+1}\right\}$$

$$= \frac{1}{-4\pi}\frac{n(-1)^n+(-1)^n+n+1-n(-1)^n+(-1)^n-n+1}{n^2-1}$$

$$= \frac{1}{-4\pi}\frac{2(-1)^n+2}{n^2-1} = \frac{(-1)^n+1}{2\pi(1-n^2)}$$

$n=\pm 1$ のとき

$$c_1 = \frac{-i}{4}, \qquad c_{-1} = \frac{i}{4}$$

$$f(t) = \frac{i}{4}e^{-it} - \frac{i}{4}e^{it} + \sum_{\substack{n=-\infty\\n\neq\pm 1}}^{\infty}\frac{(-1)^n+1}{2\pi(1-n^2)}e^{int}$$

$$n = \begin{cases} 2m-1 \\ 2m \end{cases} \text{で場合分けする.}$$

$$= \frac{i}{4}(e^{-it}-e^{it}) + \sum_{m=-\infty}^{\infty} \frac{1}{\pi(1-4m^2)}e^{2imt}$$

(d) $\quad c_n = \frac{1}{2\pi}\int_{-\pi}^{\pi}e^{-(1+in)t}dt = -\frac{1}{2\pi(1+in)}[e^{-(1+in)t}]_{-\pi}^{\pi}$

$$= \frac{1}{2\pi(1+in)}(e^{\pi}e^{in\pi}-e^{-\pi}e^{-in\pi})$$

$$= \frac{1}{2\pi(1+in)}\{e^{\pi}(-1)^n-e^{-\pi}(-1)^n\} = \frac{(-1)^n}{2\pi(1+in)}(e^{\pi}-e^{-\pi})$$

したがって,

$$f(t) = \frac{e^{\pi}-e^{-\pi}}{2\pi}\sum_{n=-\infty}^{\infty}\frac{(-1)^n}{1+in}e^{int} = \frac{e^{\pi}-e^{-\pi}}{2\pi}\sum_{n=-\infty}^{\infty}\frac{(-1)^n(1-in)}{1+n^2}e^{int}$$

(e) $\quad c_m = \frac{1}{2}\int_{-1}^{1}te^{-at}e^{-im\pi t}dt = \frac{1}{2}\int_{-1}^{1}te^{-(a+im\pi)t}dt$

$$= \frac{1}{2}\left[t\frac{e^{-(a+im\pi)t}}{-(a+im\pi)}\right]_{-1}^{1} - \frac{1}{2}\int_{-1}^{1}\frac{e^{-(a+im\pi)t}}{-(a+im\pi)}dt$$

$$= \frac{e^{-(a+im\pi)}+e^{(a+im\pi)}}{-2(a+im\pi)} - \frac{1}{2}\left[\frac{e^{-(a+im\pi)t}}{(a+im\pi)^2}\right]_{-1}^{1}$$

$$= \frac{e^{-(a+im\pi)}+e^{(a+im\pi)}}{-2(a+im\pi)} - \frac{e^{-(a+im\pi)}-e^{(a+im\pi)}}{2(a+im\pi)^2}$$

$$f(t) = \sum_{m=-\infty}^{\infty}\left(\frac{e^{-(a+im\pi)}+e^{(a+im\pi)}}{-2(a+im\pi)} - \frac{e^{-(a+im\pi)}-e^{(a+im\pi)}}{2(a+im\pi)^2}\right)e^{im\pi t}$$

$$= \sum_{m=-\infty}^{\infty}\left(\frac{(e^{-a}+e^{a})(-1)^{-m}}{-2(a+im\pi)} - \frac{(e^{-a}-e^{a})(-1)^{-m}}{2(a+im\pi)^2}\right)e^{im\pi t}$$

(2) 例を以下に示す.

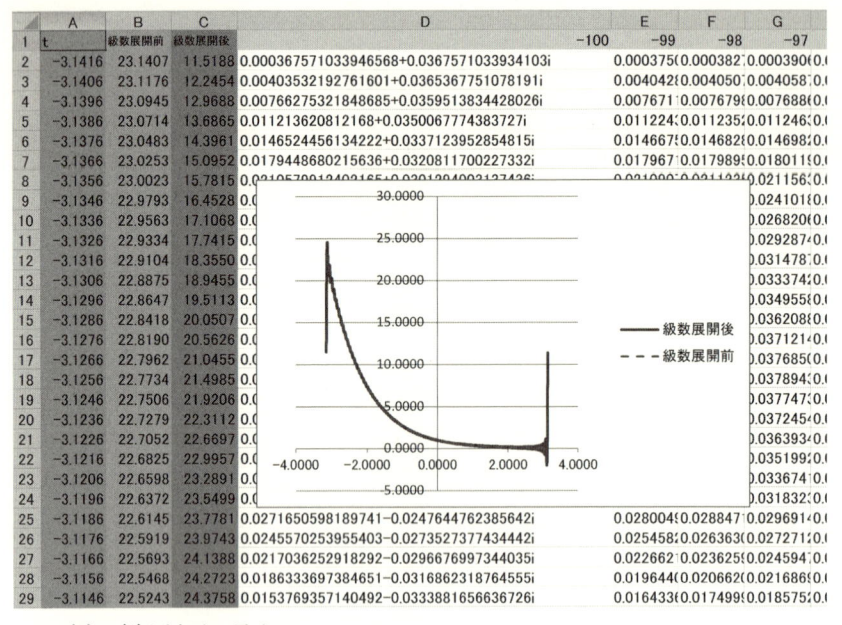

(3) 例を以下に示す.

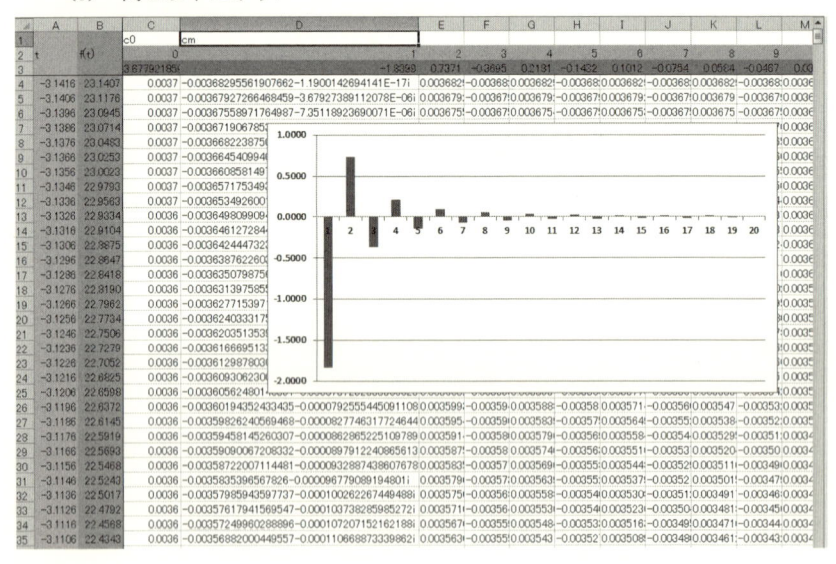

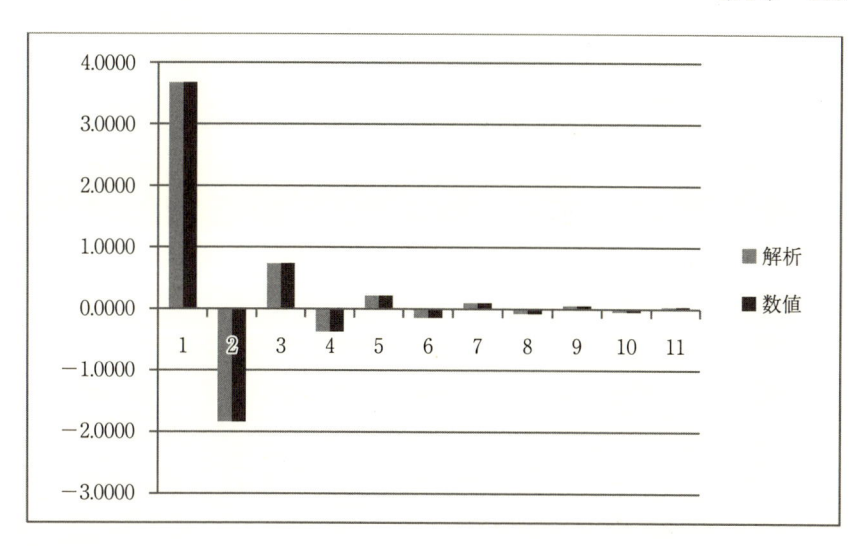

第 5 章

(1)　（a）　$F(\omega) = \displaystyle\int_{-1}^{0} -t\,e^{-i\omega t}dt + \int_{0}^{1} t\,e^{-it\omega}dt$

$\qquad = \left[\dfrac{-t}{-i\omega}e^{-it\omega}\right]_{-1}^{0} - \displaystyle\int_{-1}^{0}\dfrac{-1}{-i\omega}e^{-it\omega}dt$

$\qquad\quad + \left[\dfrac{t}{-i\omega}e^{-it\omega}\right]_{0}^{1} - \displaystyle\int_{0}^{1}\dfrac{1}{-i\omega}e^{-it\omega}dt$

$\qquad = \dfrac{1}{i\omega}e^{i\omega} - \dfrac{1}{i\omega}e^{-i\omega} + \dfrac{e^{i\omega}-1}{\omega^{2}} + \dfrac{e^{-i\omega}-1}{\omega^{2}}$

$\qquad = \dfrac{e^{i\omega}-e^{-i\omega}}{i\omega} + \dfrac{e^{i\omega}+e^{-i\omega}-2}{\omega^{2}}$

$\qquad = \dfrac{2\sin\omega}{\omega} + \dfrac{2\cos\omega-2}{\omega^{2}}$

(b)　$F(\omega) = \displaystyle\int_{-2}^{0}\left(1+\dfrac{t}{2}\right)e^{-i\omega t}dt + \int_{0}^{2}\left(1-\dfrac{t}{2}\right)e^{-it\omega}dt$

$\qquad = \left[\left(1+\dfrac{t}{2}\right)\dfrac{e^{-i\omega t}}{-i\omega}\right]_{-2}^{0} - \displaystyle\int_{-2}^{0}\dfrac{1}{2}\dfrac{e^{-i\omega t}}{-i\omega}dt$

$\qquad\quad + \left[\left(1-\dfrac{t}{2}\right)\dfrac{e^{-i\omega t}}{-i\omega}\right]_{0}^{2} - \displaystyle\int_{0}^{2}\dfrac{-1}{2}\dfrac{e^{-i\omega t}}{-i\omega}dt$

$$= -\left[\frac{1}{2}\frac{e^{-i\omega t}}{-\omega^2}\right]_{-2}^{0} - \left[\frac{-1}{2}\frac{e^{-i\omega t}}{-\omega^2}\right]_{0}^{2}$$

$$= \frac{1-e^{-2i\omega}}{-2\omega^2} - \frac{-e^{2i\omega}+1}{-2\omega^2}$$

$$= \frac{2-e^{-2i\omega}-e^{2i\omega}}{2\omega^2} = \frac{1-\cos 2\omega}{\omega^2} = \frac{2\sin^2\omega}{\omega^2}$$

(c) $\quad F(\omega) = \int_{-\infty}^{1} e^{(t-1-i\omega t)}dt + \int_{1}^{\infty} e^{(1-t-i\omega t)}dt$

$$= \frac{1}{1-i\omega}[e^{(t-1-i\omega t)}]_{-\infty}^{1} + \frac{1}{-1-i\omega}[e^{(1-t-i\omega t)}]_{1}^{\infty}$$

$$= \frac{1}{1-i\omega}e^{-i\omega} + \frac{1}{-1-i\omega}(-e^{-i\omega})$$

$$= \frac{1}{1-i\omega}e^{-i\omega} + \frac{1}{1+i\omega}e^{-i\omega} = \frac{2}{1+\omega^2}e^{-i\omega}$$

(d) $\quad F(\omega) = \int_{0}^{\infty} ae^{-t}\sin t\, e^{-i\omega t}dt$

$$= \frac{a}{2i}\int_{0}^{\infty} e^{-t}(e^{it}-e^{-it})e^{-i\omega t}dt$$

$$= \frac{a}{2i}\int_{0}^{\infty} e^{-(1-i+i\omega)t} - e^{-(1+i+i\omega)t}dt$$

$$= \frac{a}{2i}\left[\frac{e^{-(1-i+i\omega)t}}{-(1-i+i\omega)} - \frac{e^{-(1+i+i\omega)t}}{-(1+i+i\omega)}\right]_{0}^{\infty}$$

$$= \frac{a}{2i}\left[-\frac{1}{1+i+i\omega} + \frac{1}{1-i+i\omega}\right] = \frac{a}{(1+i\omega)^2+1}$$

(e) $\quad F(\omega) = \int_{0}^{\infty} te^{-(a+i\omega)t}dt$

$$= \left[-\frac{te^{-(a+i\omega)t}}{a+i\omega}\right]_{0}^{\infty} + \int_{0}^{\infty}\frac{e^{-(a+i\omega)t}}{a+i\omega}dt$$

$$= \left[-\frac{e^{-(a+i\omega)t}}{(a+i\omega)^2}\right]_{0}^{\infty} = \frac{1}{(a+i\omega)^2}$$

(2) $\quad F(\omega) = \int_{-\infty}^{\infty}\{\delta(t_0)+\delta(-t_0)\}e^{-i\omega t}dt = e^{-i\omega t_0}+e^{i\omega t_0}$

複素平面に描くと

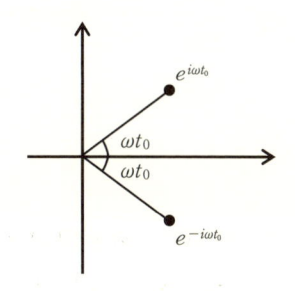

したがって,

$$|F(\omega)| = 2\cos\omega t_0$$

$$\varphi(\omega) = \begin{cases} 0, & 2n\pi < \omega t_0 < 2n\pi + \dfrac{\pi}{2},\ 2n\pi + \dfrac{3}{2}\pi < \omega t_0 < 2(n+1)\pi \\[3mm] \pi, & 2n\pi + \dfrac{\pi}{2} < \omega t_0 < 2n\pi + \dfrac{3}{2}\pi \end{cases}$$

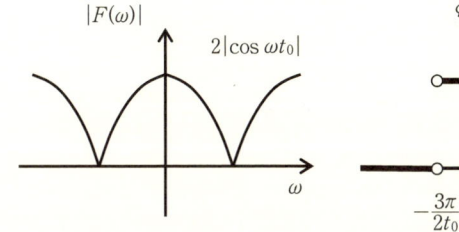

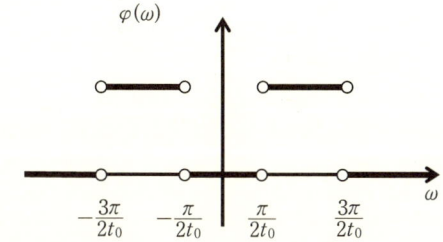

(3)　$t' = at + b$ とおく. $a > 0$ のとき

$$F[f(at+b)] = \int_{-\infty}^{\infty} f(at+b)e^{-i\omega t}dt$$

$$= \frac{1}{a}\int_{-\infty}^{\infty} f(t')e^{-i\omega\left(\frac{t'-b}{a}\right)}dt'$$

$$= \frac{1}{a}e^{\frac{i\omega b}{a}}\int_{-\infty}^{\infty} f(t')e^{-i\left(\frac{\omega}{a}\right)t'}dt' = \frac{1}{a}e^{\frac{i\omega b}{a}}F\!\left(\frac{\omega}{a}\right)$$

$a < 0$ のとき

$$F[f(ax+b)] = \int_{-\infty}^{\infty} f(at+b)e^{-i\omega t}dt$$

$$= \frac{1}{a}\int_{\infty}^{-\infty} f(t')e^{-i\omega\left(\frac{t'-b}{a}\right)}dt'$$

$$= \frac{-1}{a}e^{\frac{i\omega b}{a}}\int_{\infty}^{-\infty} f(t')e^{-i\left(\frac{\omega}{a}\right)t'}dt' = \frac{-1}{a}e^{\frac{i\omega b}{a}}F\!\left(\frac{\omega}{a}\right)$$

まとめて

$$F[f(at+b)] = \frac{1}{|a|}e^{\frac{i\omega b}{a}}F\left(\frac{\omega}{a}\right)$$

(4) $g(t) = \begin{cases} t & (|t|<1) \\ 0 & (|t|>1) \end{cases}$ とおくと

$$f(t) = \sum_{k=0}^{N-1} g(t-2k)$$

と表せる. $g(t)$ のフーリエ変換したものを $G(\omega)$ とする.

$$G(\omega) = \int_{-1}^{1} te^{-i\omega t}dt = \left[t\frac{1}{-i\omega}e^{-i\omega t}\right]_{-1}^{1} - \int_{-1}^{1}\frac{1}{-i\omega}e^{-i\omega t}dt$$

$$= \frac{1}{-i\omega}(e^{-i\omega}+e^{i\omega}) - \left[\frac{1}{(i\omega)^2}e^{-i\omega t}\right]_{-1}^{1}$$

$$= \frac{1}{-i\omega}(e^{-i\omega}+e^{i\omega}) - \frac{1}{(i\omega)^2}(e^{-i\omega}-e^{i\omega})$$

$$= \frac{-1}{i\omega}(e^{-i\omega}+e^{i\omega}) + \frac{1}{\omega^2}(e^{-i\omega}-e^{i\omega})$$

時間軸の移動から

$$F(\omega) = \sum_{k=0}^{N-1} e^{-i2k\omega}G(\omega) = \left\{\frac{-1}{i\omega}(e^{-i\omega}+e^{i\omega}) + \frac{1}{\omega^2}(e^{-i\omega}-e^{i\omega})\right\}\sum_{k=0}^{N-1} e^{-i2k\omega}$$

(5) $g(t) = \begin{cases} 1-|t| & (|t|<1) \\ 0 & (|t|>1) \end{cases}$ とおくと

$$f(t) = \sum_{n=-\infty}^{\infty} \frac{1}{2^{|2n|}}g(t-2n)$$

と表せる. $g(t)$ のフーリエ変換したものを $G(\omega)$ とする.

$$G(\omega) = \int_{-2}^{2}(1-|t|)e^{-i\omega t}dt = \int_{-1}^{0}(1+t)e^{-i\omega t}dt - \int_{0}^{1}(1-t)e^{-i\omega t}dt$$

$$= \left[(1+t)\frac{e^{-i\omega t}}{-i\omega}\right]_{-1}^{0} - \int_{-1}^{0}\frac{e^{-i\omega t}}{-i\omega}dt + \left[(1-t)\frac{e^{-i\omega t}}{-i\omega}\right]_{0}^{1} - \int_{0}^{1}-\frac{e^{-i\omega t}}{-i\omega}dt$$

$$= \frac{1}{-i\omega} - \left[\frac{e^{-i\omega t}}{-\omega^2}\right]_{-1}^{0} - \frac{1}{-i\omega} - \left[-\frac{e^{-i\omega t}}{-\omega^2}\right]_{0}^{1}$$

$$= -\frac{1-e^{i\omega}}{-\omega^2} - \frac{1-e^{-i\omega}}{-\omega^2} = \frac{2-e^{i\omega}-e^{-i\omega}}{\omega^2} = \frac{2-2\cos\omega}{\omega^2}$$

$$= \frac{4}{\omega^2}\sin^2\frac{\omega}{2}$$

時間軸の移動から

$$F(\omega) = \sum_{n=-\infty}^{\infty} \frac{1}{2^{|2n|}} e^{-i2n\omega} G(\omega) = \sum_{n=-\infty}^{\infty} \frac{1}{2^{|2n|}} e^{-i2n\omega} \frac{\sin^2 \dfrac{\omega}{2}}{\left(\dfrac{\omega}{2}\right)^2}$$

(6)　解答例

エクセルで計算した一例を以下に示す. A 列に時間 t, B 列に $f(t)$ の値を入れる. 2 行目に角周波数 ω, 3 行目に各周波数を周波数に換算した値を記入する. D7 より右下のセルには, 2 行目の ω の値, A 列の t の値, B 列の $f(t)$ の値を参照して, $f(t)e^{-i\omega t}\Delta t$ を計算する. Δt は A 列の時間 t と 1 ステップ前の時間差をいれる. これらの値を 1 列分足したものを 4 行目に表示している.

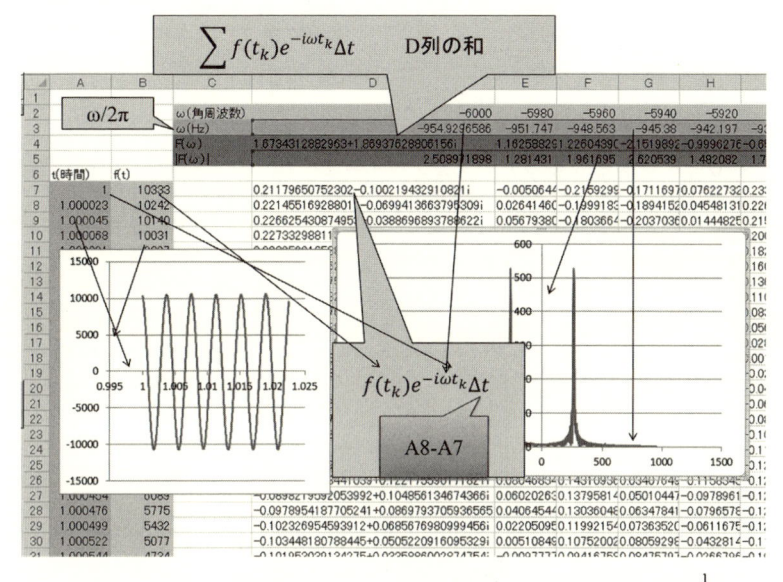

フーリエ変換の計算例

上記の例をフーリエ変換し, $|F(\omega)|$ をプロットした結果が以下の図である. 計算範囲は 0.01〜0.3s で変えてある. 0.01s ではピークが分離できておらず, 0.1s 程度積分するとピークが明瞭に分離できることがわかる.

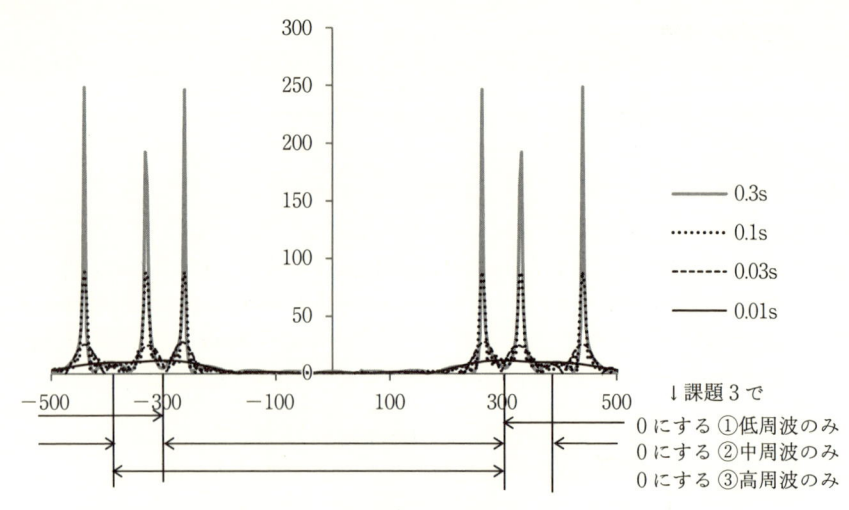

課題 1 解答例

和音のデータと単音のデータをフーリエ変換し，和音のピークの位置と単音
のピークが一致したものを以下の図に示す．

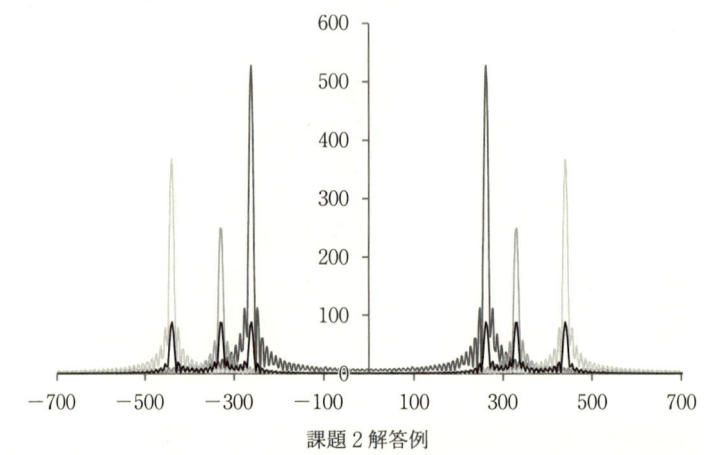

課題 2 解答例

課題 1 の結果をフーリエ逆変換，また，解答例のように正負の値をペアとし
て，3 つのペアがそれぞれ入るような位置を選び，ピークを含む範囲点以外を
ゼロとして，それぞれフーリエ逆変換した．さらにこの 3 つのフーリエ逆変
換を足し合わせた結果を以下に示す．3 つのペアに分けて逆変換した結果は

三角関数に近い波形である．オリジナルデータとフーリエ変換→逆変換した結果，3 つのペアをそれぞれ逆変換し，足した結果がほぼ一致している．

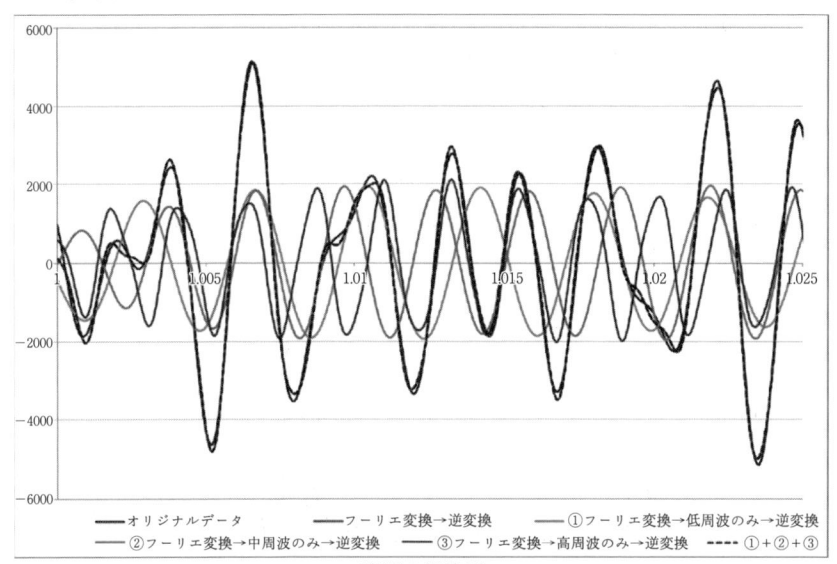

課題 3 解答例

(7)　解答例

東京での 24 時間周期のフーリエ変換の結果は（2）と同様に計算し

$$F\left(\frac{2\pi}{24}\right) = -9530 + 6990i$$

$$\left|F\left(\frac{2\pi}{24}\right)\right| = 11800$$

$$\varphi\left(\frac{2\pi}{24}\right) = 2.51$$

となる．気温を $f(t) = a\cos\left\{\frac{2\pi}{24}(t-t_0)\right\}$ とおいて 365 日分でフーリエ変換すると

$$F\left(\frac{2\pi}{24}\right) = a4380e^{-i\frac{2\pi}{24}t_0}$$

となる．エクセルの計算結果と比較して，

$$a = 2.7$$

$$t_0 = -9.6$$

したがって，温度差は 5.4℃，最高温度は $24-9.6 = 14.4$ 時と算出される．福岡も同様に

$$a = 2.3$$
$$t_0 = -9.1$$

したがって，温度差は 4.6℃，最高温度は $24-9.1=14.9$ 時と算出される．東京と福岡の東経の差が $9°16'$ であり，日の出日の入りの時間が 0.62 時間ずれることから概ね一致している．

(8) 解答例

12 時間周期近傍のフーリエ変換を（2）と同様に計算する．

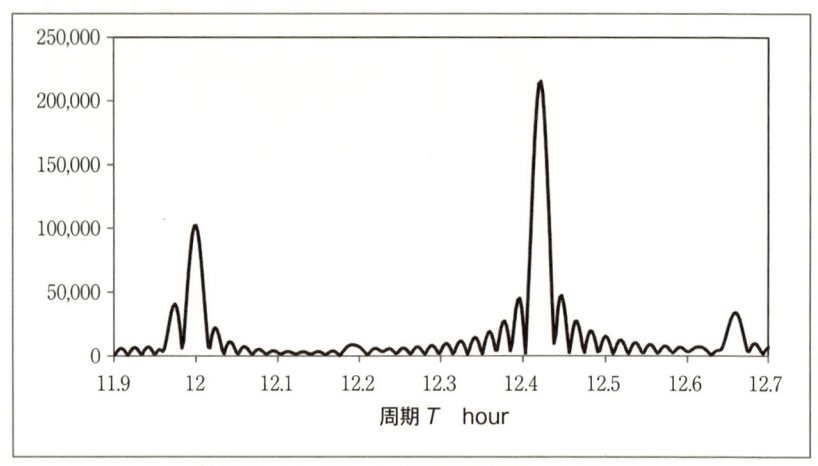

横軸はわかりやすいように周期に換算してある．

ここで，12 時間周期が太陽による潮汐の影響，12.42 時間周期が月による潮汐の影響となる．

$$F\left(\frac{2\pi}{12}\right) = -101400-11800i$$

$$\left|F\left(\frac{2\pi}{12}\right)\right| = 102090$$

$$\varphi\left(\frac{2\pi}{12}\right) = -3.03$$

$$F\left(\frac{2\pi}{12.42}\right) = -176700+123500i$$

$$\left|F\left(\frac{2\pi}{12.42}\right)\right| = 215600$$

$$\varphi\left(\frac{2\pi}{12}\right) = 2.79$$

となる．$f(t) = a\cos\left\{\dfrac{2\pi}{12}(t-t_0)\right\}$ とおいて 365 日分でフーリエ変換すると

$$F\left(\frac{2\pi}{12}\right) = a4380e^{-i\frac{2\pi}{12}t_0}$$

となる．エクセルの計算結果と比較して，

$$a = 23$$

$$t_0 = 5.79$$

したがって，太陽による潮位は 46 cm，最高の潮位は 5.79 時と算出される．
月による潮位も同様に $f(t) = a\cos\left\{\dfrac{2\pi}{12.42}(t-t_0)\right\}$ とおくと

$$F\left(\frac{2\pi}{12.42}\right) = a4380e^{-i\frac{2\pi}{12.42}t_0}$$

$$a = 49$$

$$t_0 = -5.00$$

したがって，太陽による潮位は 98 cm，最高の潮位は 12.42−5.00＝7.42 時と算
出される．元のデータと $F\left(\dfrac{2\pi}{12}\right)$ と $F\left(\dfrac{2\pi}{12.42}\right)$ を逆変換し足し合わせて，グラフにすると以下の通りとなる．

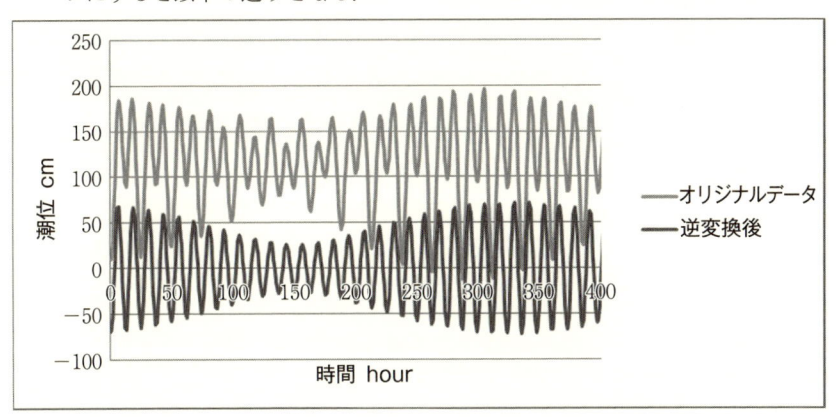

第6章

(1)　(a)　　$h(t) = f(t) * g(t) = \displaystyle\int_{-\infty}^{\infty} f(\tau)g(t-\tau)d\tau$

　　　$g(t-\tau)$ が 1 になる範囲は

　　　　$0 \leq t-\tau \leq a$

　　　　$t-a \leq \tau \leq t$

　　　である.

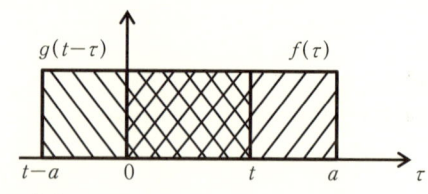

　　$0 \leq t < a$ のとき

　　　　$h(t) = \displaystyle\int_{0}^{t} d\tau = t$

　　となる. $0 \leq t-a < a$ すなわち $a \leq t < 2a$ のとき

　　　　$h(t) = \displaystyle\int_{t-a}^{a} d\tau = -t+2a$

　　となる. 上記以外の場合

　　　　$h(t) = 0$

　　以上をまとめると以下のようになる.

　　　　$h(t) = \begin{cases} 0 & (t < 0, 2a \leq t) \\ t & (0 \leq t < a) \\ -t+2a & (a \leq t < 2a) \end{cases}$

　　グラフに描くと以下となる.

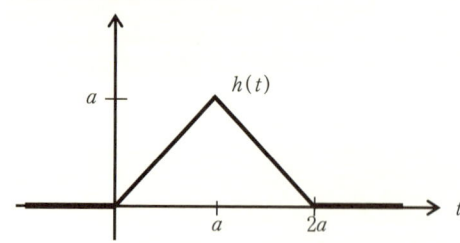

(b)　$t>0$ のときに $0<\tau<t$ の範囲で $f(\tau)g(t-\tau)$ が 0 でない.

$$h(t) = \int_0^t e^{-a\tau}d\tau$$

したがって

$$h(t) = \begin{cases} \dfrac{1}{a}(1-e^{-at}) & 0 \le t \\[2mm] 0 & t < 0 \end{cases}$$

となる.

(c)　$t<0$ のとき 0. $t\ge 0$ のとき

$$h(t) = \int_{-\infty}^{\infty} f(\tau)g(t-\tau)d\tau = \int_0^t \sin\tau e^{\tau-t}d\tau = \int_0^t \frac{e^{i\tau}-e^{-i\tau}}{2i}e^{\tau-t}d\tau$$

$$= \frac{e^{-t}}{2i}\int_0^t e^{(1+i)\tau}-e^{(1-i)\tau}d\tau = \frac{e^{-t}}{2i}\left[\frac{e^{(1+i)\tau}}{1+i} - \frac{e^{(1-i)\tau}}{1-i}\right]_0^t$$

$$= \frac{e^{-t}}{2i}\left[\frac{e^{(1+i)t}-1}{1+i} - \frac{e^{(1-i)t}-1}{1-i}\right]$$

$$= \frac{e^{-t}}{2i}\left[\frac{e^{(1+i)t}-1-ie^{(1+i)t}+i-e^{(1-i)t}+1-ie^{(1-i)t}+i}{2}\right]$$

$$= \frac{1}{2i}\left[\frac{e^{it}-e^{-it}-i(e^{it}+e^{-it})+2ie^{-t}}{2}\right]$$

$$= \frac{e^{it}-e^{-it}}{4i} - \frac{e^{it}+e^{-it}}{4} + \frac{e^{-t}}{2} = \frac{\sin t}{2} - \frac{\cos t}{2} + \frac{e^{-t}}{2}$$

$$h(t) = \begin{cases} 0 & t < 0 \\[2mm] \dfrac{\sin t}{2} - \dfrac{\cos t}{2} + \dfrac{e^{-t}}{2} & 0 \le t \end{cases}$$

(d)　$g(t-\tau)$ が 0 以外になる場合は, $0<t-\tau<a$ の範囲, すなわち $t-a<\tau<t$ の場合である. $t<0$ のとき

$$h(t) = 0$$

$0\le t<a$ のとき

$$h(t) = \int_0^t e^{-\tau}(t-\tau)d\tau = [-e^{-\tau}(t-\tau)]_0^t - \int_0^t e^{-\tau}(-1)d\tau = t-e^{-t}-1$$

$a\le t$ のとき

$$h(t) = \int_{t-a}^t e^{-\tau}(t-\tau)d\tau = [-e^{-\tau}(t-\tau)]_{t-a}^t - \int_{t-a}^t e^{-\tau}(-1)d\tau$$

$$= ae^{-(t-a)} - e^{-(t-a)} + e^{-t}$$

まとめて,

$$h(t) = \begin{cases} 0 & (t < 0) \\ t + e^{-t} - 1 & (0 \leq t < a) \\ ae^{-(t-a)} - e^{-(t-a)} + e^{-t} & (a \leq t) \end{cases}$$

第 7 章

(1) (a) 両辺をフーリエ変換して

$$(i\omega)X(t) + 3X(t) = 1$$

$$X(\omega) = \frac{1}{i\omega + 3}$$

$$x(t) = e^{-3t}u(t)$$

(b) システム伝達関数 $H(\omega)$ は $\dfrac{1}{i\omega + 3}$, $h(t) = e^{-3t}u(t)$.

$$x(t) = h(t) * u(t)$$

$t < 0$ のとき

$$x(t) = \int_{-\infty}^{\infty} h(\tau)u(t-\tau)d\tau = 0$$

$0 \leq t$ のとき

$$x(t) = \int_{0}^{t} e^{-3\tau}d\tau = \frac{1}{3}(1 - e^{-3t})$$

したがって,

$$x(t) = \frac{1}{3}(1 - e^{-3t})\,u(t)$$

(2) (a) $\quad H(\omega) = \dfrac{1}{i\omega + 1}$

(b) 出力は

$t < 0$ のとき 0

$0 \leq t < t_0$ のとき e^{-t}

$t_0 \leq t$ のとき $e^{-t} + e^{-(t-t_0)}$

(c) 出力を $g(t)$ とする

$$g(t) = h(t) * f(t).$$

$t < 0$ のとき

$$g(t) = 0.$$

$0 \leq t$ のとき

$$g(t) = \int_{-\infty}^{\infty} [e^{-\tau}u(\tau)]3u(t-\tau)d\tau = 3\int_{0}^{t} e^{-\tau}d\tau = 3(1 - e^{-t})$$

まとめて
$$g(t) = 3(1-e^{-t})u(t)$$

(d)　$t<0$ のとき
$$g(t) = 0.$$

$0 \leq t$ のとき
$$g(t) = \int_{-\infty}^{\infty} f(\tau)h(t-\tau)d\tau = \int_0^t e^{(\tau-t)}\sin\tau\, d\tau$$

$$= \int_0^t e^{(\tau-t)}\frac{e^{i\tau}-e^{-i\tau}}{2i}d\tau = \frac{e^{-t}}{2i}\int_0^t e^{(1+i)\tau}-e^{(1-i)\tau}d\tau$$

$$= \frac{e^{-t}}{2i}\left[\frac{e^{(1+i)\tau}}{1+i}-\frac{e^{(1-i)\tau}}{1-i}\right]_0^t$$

$$= \frac{e^{-t}}{2i}\left[\frac{e^{(1+i)t}-1}{1+i}-\frac{e^{(1-i)t}-1}{1-i}\right]$$

$$= \frac{e^{-t}}{2i}\left[\frac{e^{(1+i)t}-1-ie^{(1+i)t}+i-e^{(1-i)t}+1-ie^{(1-i)t}+i}{2}\right]$$

$$= \frac{1}{2i}\left[\frac{e^{it}-e^{-it}-i(e^{it}+e^{-it})+2ie^{-t}}{2}\right]$$

$$= \frac{e^{it}-e^{-it}}{4i}-\frac{e^{it}+e^{-it}}{4i}+\frac{e^{-t}}{2} = \frac{\sin t}{2}-\frac{\cos t}{2}+\frac{e^{-t}}{2}$$

まとめて
$$g(t) = \left(\frac{\sin t}{2}-\frac{\cos t}{2}+\frac{e^{-t}}{2}\right)u(t)$$

(3)　(a)　それぞれフーリエ変換すると

$$F(\omega) = \frac{1}{(1+i\omega)}$$

$$G(\omega) = \frac{2}{(1+i\omega)}-\frac{2}{(3+i\omega)} = \frac{4}{(1+i\omega)(3+i\omega)}$$

$$H(\omega) = \frac{G(\omega)}{F(\omega)} = \frac{4}{(3+i\omega)}$$

$$\frac{(3+i\omega)}{4}G(\omega) = F(\omega)$$

両辺逆変換して

$$\frac{1}{4}\frac{d}{dt}g(t)+\frac{3}{4}g(t) = f(t)$$

(b)　デルタ関数を入力したときの出力 $g(t)$ は $h(t)$ と同じなので $t=0$ での応

答は

$$g(t) = h(t) = 4e^{-3t}u(t)$$

したがって

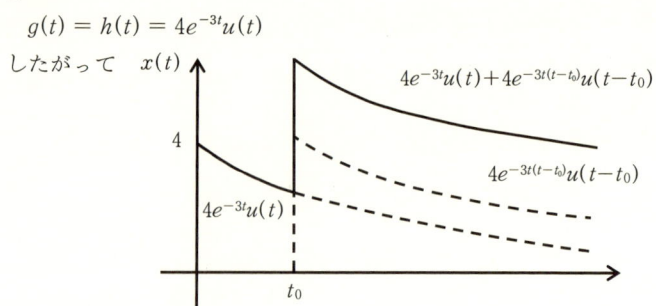

(c)　$t<0$ のとき

$$g(t) = 0$$

$0 \leqq t < a$ のとき

$$g(t) = \int_0^t 4e^{-3(t-\tau)}d\tau = \frac{4(1-e^{-3t})}{3}$$

$a \leqq t$ のとき

$$g(t) = \int_0^a 4e^{-3(t-\tau)}d\tau = \frac{4(1-e^{-3a})}{3}$$

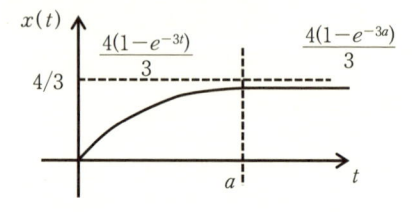

索　引

【著者紹介】

比田井　洋史（ひだい　ひろふみ）

1998 年　東京工業大学工学部制御システム工学科 卒業
1999 年　東京工業大学大学院理工学研究科制御工学専攻 中途退学
現　在　千葉大学大学院工学研究院機械工学コース 教授
　　　　博士（工学）（東京工業大学）
専　門　精密加工，レーザ

グラフでわかる
初めてのフーリエ解析

A First Course in Fourier Analysis
Using Graph

2019 年 12 月 30 日　初版 1 刷発行

検印廃止
NDC 413.66, 501.1

ISBN 978-4-320-11389-3

著　者　比田井洋史　　© 2019
発行者　南條光章
発行所　共立出版株式会社

〒112-0006
東京都文京区小日向 4-6-19
電話番号　03-3947-2511 （代表）
振替口座　00110-2-57035
www.kyoritsu-pub.co.jp

印　刷　精興社
製　本　ブロケード

一般社団法人
自然科学書協会
会員

Printed in Japan

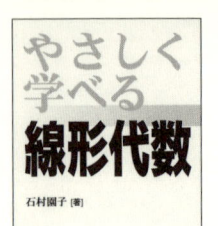

やさしく学べる線形代数

線形代数の基礎を，高校数学が苦手なまま理工学部へ進学した学生向けにまとめたテキスト。本書を学んでいくのに予備知識はほとんど必要とせず，具体的なイメージを読者がつかめるよう図を多用し，公式集などポイントとなる記述には，イラストを配置して読者の目を引くように工夫。練習問題には詳細な解答を添付。
【目次】行列と行列式（行列／連立１次方程式／行列式）／線形空間（空間ベクトル／線形空間／内積空間）
【A5判・224頁・定価（本体2000円＋税） ISBN978-4-320-01660-6】

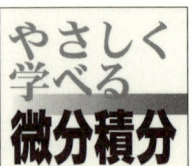

やさしく学べる微分積分

微分積分を学んでいくのに必要な基本的な関数を，直線や放物線といった高校数学の復習から解説する。曲線・曲面の形を直感的にわかるようグラフを多用し，練習問題にはすべて詳細な解答を添付。微分積分の基本的知識の習得を目的としているが，より高度な数学への学習の足がかりにもなるよう配慮している。
【目次】１変数関数の微分積分（１変数関数／１変数関数の微分／他）／２変数関数の微分積分（２変数関数／他）
【A5判・230頁・定価（本体2000円＋税） ISBN978-4-320-01633-0】

やさしく学べる ラプラス変換・フーリエ解析 増補版

工学部では避けて通れない“ラプラス変換・フーリエ解析”を，数多くの例題・演習問題を解きながら身につけることができる。
【目次】関数の基礎知識／ラプラス変換／フーリエ級数／フーリエ級数の偏微分方程式への応用／フーリエ変換
【A5判・266頁・定価（本体2100円＋税） ISBN978-4-320-01944-7】

やさしく学べる微分方程式

理工系諸分野において必須である微分方程式の解法を，数多くの具体的な例題や演習問題を解くことで，実感しながら身につけることができるテキスト。解答も自習を助けるために，計算過程を省かず掲載。本文の随所に，イラストによる注意事項の解説や公式集を配して，読者の理解を助ける工夫を凝らしている。
【目次】微分方程式／１階微分方程式（変数分離形の微分方程式／他）／線形微分方程式／微分演算子／ベキ級数解と近似解
【A5判・228頁・定価（本体2000円＋税） ISBN978-4-320-01750-4】